Bâtir écologique

Chronique d'une construction en bois

Bâtir écologique

Depuis 1979, **Terre vivante** vous fait partager ses expériences en matière d'écologie pratique : jardinage biologique, alimentation et santé, habitat écologique, énergie.
À travers :

- l'édition de livres pratiques,
- le magazine *Les Quatre Saisons du jardinage*,
- un Centre de découverte de l'écologie pratique à visiter de mai à octobre, dans les Alpes, au pied du Vercors.

Le catalogue des ouvrages publiés par **Terre vivante** est disponible sur simple demande.

Terre vivante, domaine de Raud, 38710 Mens.
Tél. : 04 76 34 80 80. Fax : 04 76 34 84 02.
Email : info@terrevivante.org
www.terrevivante.org

Emmanuel Carcano

e

Bâtir écologique

Chronique d'une construction en bois

terre vivante
L'ÉCOLOGIE PRATIQUE

Note de l'auteur

J'ai pris le parti de citer les marques des matériaux utilisés lors de la construction, sans intérêt ni arrière-pensée. Mais il paraissait plus simple que le lecteur puisse identifier aisément les produits dont il est ici question.

Conception graphique et réalisation : manipages
Couverture : manipages
Photographies : Nicolas Thoueille : pages 11 et 49
Toutes les autres photos : Emmanuel Carcano
Illustrations, pictos et montage photos : Laurent Houdoux
Impression : Corlet imprimeur
Isbn : 978-2-914717-29-8

Remerciements

À Mie et Jean-Claude, mes parents.

À mon père, Jean-Claude, pour son aide précieuse et son soutien.

À Anne et Marion, mes sœurs, pour leur soutien et leurs petites attentions.

À Tiffaine et Mattéo, pour avoir pris leur mal en patience.

Aux deux Dom, à Raphaël, Vincent, Paulo, Ian, Manu, Stéphane pour leurs coups de main.

À Jean-Baptiste, architecte, pour avoir su faire simple, fonctionnel et beau.

À John, pour son aide et ses compétences tout au long du chantier.

À Jean-Luc Moulin, architecte, pour ses conseils techniques avisés tout au long du chantier.

À Stéphane et Sylvain pour leur générosité, leur aide et le libre accès aux machines de leur atelier sans lequel la maison ne serait pas ce qu'elle est aujourd'hui.

À Steph pour le prêt de la caravane, confortable, mais pas autant que la maison.

À Étienne et Sonia, pour les services rendus entre voisins.

À Étienne, Marie-Jo et Daniel pour les bons moments passés dans les forêts du Tarn.

À Marie-Line, pour sa relecture.

À Dédé de Pertuis, pour ses conseils.

À Manu et John pour le prêt d'outillage.

À Richard, pour sa poigne de forgeron et sa générosité.

À toutes celles et tous ceux qui m'ont accompagné durant ce projet de construction et ont apporté leur contribution à ce livre.

Au magazine *la Maison écologique*, pour l'utilisation de tableaux produits par ses journalistes.

Sommaire

Introduction

C'était en 1993, quelque part dans le Grand Nord canadien, une petite cabane en bois de bric et de broc construite avec les matériaux du bord, faite d'ajouts successifs, à tel point qu'il devenait impossible d'en discerner l'architecture originale. J'y ai passé deux hivers successifs, les températures y avoisinant aisément -40 °C au cœur d'un mois de janvier manquant cruellement de lumière. Il n'y avait pas d'eau courante, un bon poêle à bois permettait de chauffer, voire surchauffer cet espace de vie d'à peu près vingt mètres carrés. L'air chaud stagnait en haut, et grâce à un tube de carton et un petit ventilo, je le redistribuais au ras du sol, où il faisait parfois 10 °C de moins qu'au niveau de la tête ! C'était petit, l'environnement extérieur était hostile, mais on y était bien. Depuis ce temps-là, j'ai toujours aspiré à vivre à nouveau dans une maison en bois. J'ai participé en 1995 à la construction de celle de mon oncle, un kit venu du Canada, en ai visité beaucoup d'autres, habité certaines temporairement.

Bien que la construction en bois soit à nouveau dans l'air du temps chez nous, ce n'est pourtant pas une histoire nouvelle. Les fondations des cathédrales reposent encore sur des pieux en chêne fichés dans la terre. Les centres historiques de nombreuses villes comptent souvent des maisons à pans de bois, ou colombages. En fait, jusqu'à la Première Guerre mondiale, les Français construisaient énormément en bois dans de nombreuses régions de France. La Première Guerre mondiale, et la réquisition des charpentiers et menuisiers, puis l'avènement du béton, ont marqué la fin de cette culture. Jusqu'à aujourd'hui.

Le bois séduit à nouveau pour plusieurs raisons. C'est un matériau résistant et léger. Ainsi, une poutre de trois mètres de portée capable de supporter 20 t pèse 60 kg en épicéa, 80 kg en acier et 300 kg en béton. Il est 12 fois plus isolant que le béton, 350 fois plus que l'acier. Sa production sous forme de sciages est bien moins énergivore que celle du béton ou de l'acier, en outre le bois stocke du carbone, environ une tonne de gaz carbonique par m^3. Ainsi, notre maison, qui engloutira environ 45 m^3 de bois, va stocker 45 t de carbone. Le bois est chaleureux, doté d'une faible conductivité thermique*, un atout lorsqu'il est utilisé en structure car il permet ainsi de limiter les déperditions thermiques. À condition que sa mise en œuvre soit rigoureuse. Car le bois ne souffre pas les approximations, il faut respecter des règles précises, nous aurons l'occasion d'y revenir tout au long de l'ouvrage. En effet le bois est un matériau vivant, c'est une évidence, mais on l'oublie un peu vite. On lui demande trop souvent d'être un matériau inerte insensible aux épreuves du temps. Le bois vieillit, mais tout comme l'acier, qui finit par rouiller, ou le béton, qui parfois s'effrite, les crépis synthétiques, qui noircissent. Le bois, non traité, grise avec le temps. Les granges chez nous, en Sud-Isère, vieillissent très bien. C'est une affaire de goût. Le bois n'aime ni les insectes, ni les champignons ? Il faut l'utiliser à un certain degré d'humidité, et éviter à tout prix les pièges à eau, c'est-à-dire les endroits où l'eau peut stagner et détériorer la structure. Le bois présente peu d'inertie thermique ? Dans une région où celle-ci est primordiale parce que les étés sont par exemple très chauds, on pourra aisément intégrer, dès la conception, des matériaux lourds (béton, briques de terre crue ou cuite, murs en pierre, etc.). L'isolation phonique est difficile à gérer en ossature bois ? De nombreuses techniques permettent de s'en affranchir, en soignant les jonctions planchers-cloisons, en isolant correctement ces mêmes planchers et cloisons. Bref, on peut assez facilement pallier les défauts du bois.

Et puis une ossature bien isolée consomme beaucoup moins d'énergie pour la chauffer qu'une construction dite « traditionnelle », avec des murs pourtant plus épais en parpaings. Enfin, le bois est une ressource renouvelable, de proximité et abondante.

*Tous les termes suivis d'un astérisque sont définis dans le Glossaire en p 142.

Si je suis convaincu de l'intérêt de construire en bois, en plus de toutes les raisons précitées, c'est aussi par sympathie pour les arbres, et la forêt. Il y a largement assez d'arbres et de forêts en France (la forêt française progresse de plus de 30 000 hectares par an, l'équivalent des forêts d'Orléans et de Fontainebleau réunies) pour encourager le développement de cette filière. Chaque année en effet, on ne prélève que deux tiers de cet accroissement. De plus et paradoxalement, nous importons 20 % du bois nécessaire à la construction, principalement de Scandinavie et d'Allemagne (15 %), et des forêts tropicales (5 %). En France, le marché de la construction en bois ne représente que 5 % du marché total de la construction, un chiffre modeste en comparaison de l'Amérique du Nord où le bois représente plus de 90 % des constructions individuelles, 30 % en Allemagne, 60 en Scandinavie. La maison en bois souffre soit d'une image de maison haut de gamme, inaccessible, soit est jugée peu durable, vieillissant mal. Ajoutons à cela une filière atomisée, où les acteurs tardent à s'organiser pour répondre à la demande. Un exemple : il est plus facile pour un charpentier de s'approvisionner en bois du Nord, séchés et rabotés, qu'en bois français de même qualité ! Il n'empêche, la construction en bois progresse chaque année. En 2005, il s'est construit en France 8 900 logements individuels en bois, selon le Comité national pour le développement du bois (CNDB), soit 46 % de plus qu'en 2001. Malheureusement trop peu d'entreprises se positionnent sur le marché de la maison économique, c'est-à-dire d'une maison bon marché et de qualité. Ce livre se propose de démontrer, à partir d'une modeste expérience personnelle de construction, que l'on peut réaliser une maison écologique en partie autoconstruite avec un budget légèrement supérieur à 100 000 € pour 115 m² habitables (plus un garage de 25 m²).

Le présent ouvrage est articulé autour d'une chronique, décrivant les différentes phases de construction d'une maison ossature bois dans le Trièves, en Isère (755 m d'altitude), le tout éclairé de points de vue de professionnels, de conseils techniques et juridiques, de dessins, tableaux et photos. Il sera également question du bois dans les aménagements intérieurs (mobilier, escalier, parquets, etc.) et extérieurs (terrasses, bardages). Nous aborderons par ailleurs certains aspects écologiques de cette construction, comme l'isolation, en ouate de cellulose (encore un produit dérivé du bois), les panneaux solaires pour la production d'eau chaude, le chauffage grâce à un poêle à double combustion performant, la toiture végétalisée du garage, la récupération des eaux de pluie, la climatisation naturelle à l'aide d'un puits canadien.

Nous essaierons d'aller au-delà de nos murs pour, si possible, répondre à certaines questions. Quels sont les avantages et inconvénients des différentes techniques de construction en bois ? Quels matériaux privilégier ? Quelles essences choisir ? Quels sont les écueils à éviter ? Comment évolue une ossature bois dans le temps ? Quelles sont ses qualités phoniques et thermiques ? Surtout, quelles sont les bonnes questions à se poser et à poser lorsqu'on se lance. L'idée de cet ouvrage est de vous faire profiter de mon cheminement, de mes interrogations, de mes erreurs, de mes recherches, mes lectures, mes échanges sur les forums de discussion pour vous permettre d'avancer, et pourquoi pas, de franchir le pas.

Février 2007. Le bardage en Douglas est presque terminé.

faitage 7.50
600
1200
375
±0.00 m

Un projet d'architecte en bois et écologique

L'approvisionnement en bois

La conception architecturale et les compromis bioclimatiques

Le puits canadien, un climatiseur économe

Tombée du ciel

Une toiture terrasse végétalisée

1 L'approvisionnement en bois

Fin mars 2006, dans la montagne Noire, à quelques kilomètres de Mazamet, à la limite des départements de l'Aude et du Tarn. Notre maison commence ici, à Font-Perrière, à 900 mètres d'altitude. Dans cette zone très boisée poussent épicéas, frênes isolés, pins noirs d'Autriche et pins de Douglas. C'est avec cette essence que nous avons décidé de construire l'ossature. Les 32 m³ de bois brut nécessaires à la construction de notre habitation de 115 m² ont été abattus

Sciages de Douglas dans le Tarn, dans la Montagne Noire.

hors sève, en période hivernale, lorsque l'arbre est au repos (il me faudra par la suite commander dans une scierie proche de chez moi 13 m^3 supplémentaires pour le plancher cloué). Une précaution qui évitera au bois de trop travailler, et qui lui permettra de sécher plus rapidement. Les grumes sont débardées par Daniel Daures, propriétaire forestier passionné par la forêt. Les Douglas ont entre 40 et 50 ans, des bois jeunes dont le plus gros fait tout de même 70 centimètres de circonférence. Le Douglas est une essence aux bonnes propriétés mécaniques, qui plus est résistante aux insectes et aux champignons lorsqu'il est purgé d'aubier*, c'est-à-dire débarrassé de sa partie la plus tendre et la plus sensible. Bois de classe 3 (voir tableau « classes de résistance des bois » en page 19), nous pourrons également l'utiliser en bardage extérieur et pour les terrasses. Abondant en France, sa production croît d'année en année. En 2030 elle atteindra 6 millions de mètres cubes, soit autant que celle de pins maritimes ou de sapins-épicéas. Seul bémol, la coupe se trouve à 500 kilomètres du lieu de construction, il faudra donc le transporter. Nous aurions pu aussi travailler avec du bois local, épicéa ou mélèze. Le premier est bon marché, mais moins résistant (classe 2). Le mélèze est quant à lui classe 3, mais plus cher, en outre il nous aurait fallu le faire sécher plus longtemps. C'est une essence nerveuse, difficile à travailler. Le Douglas l'est moins, et il sèche plus vite. Ce choix pour du Douglas est surtout l'histoire d'une rencontre avec un scieur passionné, Etienne Lescure, qui déplace sa scie mobile, montée sur un châssis tiré par un tracteur, de forêt en forêt, au gré des chantiers. Depuis plus de dix ans Étienne scie toutes sortes d'essences de bois dans le département du Tarn. Sa connaissance empirique du bois et de sa mise en œuvre est précieuse, et sa philosophie du circuit court ne pouvait que nous séduire. Étienne préfère vendre ses bois sciés en direct, sans passer par un intermédiaire, de la même manière qu'un paysan préfère en effet écouler sa production sans

Coupe d'une grume.

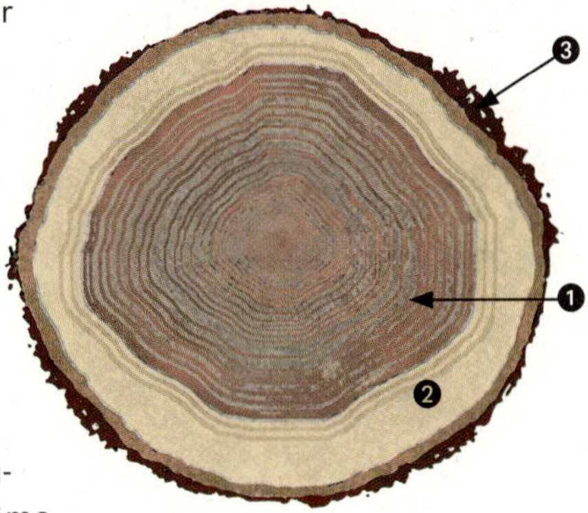

1 Duramen ou bois parfait
2 Aubier
3 Écorce

La scie mobile permet de scier de gros bois.

passer par une plateforme de distribution. Les grumes sont débitées au fur et à mesure sur sa scie, et les débits empilés en fonction des sections et longueurs : 5 cm x 15 cm pour l'ossature, 5 x 10 pour les cloisons intérieures, 6 x 24 pour les chevrons porteurs, 6 x 22 pour le solivage du plancher bas, 2,7 x 15 pour le bardage, etc. La maison s'assemble sous forme de piles au fil des heures, six jours de sciages grâce à notre participation, la mienne et celle de John, un ami venu donner la main, pour un total de 32 m^3 de bois. Étienne scie deux ou trois fois par an des maisons complètes, pour des particuliers qui viennent le voir avec les plans de leur maison et les débits de bois. Cette solution est accessible aux autoconstructeurs s'ils s'y prennent à l'avance, car il faut trouver le bois, puis le faire sécher. Il existe des scies mobiles dans pratiquement tous les départements[1]. À défaut, il est toujours possible de passer commande dans une scierie et de faire sécher les bois

1. Se renseigner auprès des fédérations régionales de la filière bois, FIBRA en Rhône-Alpes, Atlanbois dans l'Ouest, etc.

sur son terrain. Dans ce cas-là, le bois sera un peu plus cher, car la scierie s'occupe également de trouver les grumes et de les transporter. Mais quel plaisir de participer soi-même aux sciages des débits qui constitueront la future habitation.

Lorsque nous avons débité les bois, leur humidité relative était de 27 %. Les sciages de Douglas devraient atteindre moins de 20 % au moment de la mise en œuvre. En deçà de 20 % d'humidité, le bois ne risque plus d'être attaqué par les champignons et par la suite par les insectes xylophages. Il est souvent préconisé d'utiliser des bois d'ossature dont l'humidité se situe autour de 17 %. Si je n'avais pas rencontré Étienne, sans doute aurions-nous travaillé avec de l'épicéa du Vercors, ou du sapin de Chartreuse. Pour Étienne, le meilleur bois de construction est celui qui est récolté à proximité du lieu de construction. « J'ai vu une très belle construction en épicéa de Pologne qui date de quinze ans et commence aujourd'hui à s'abîmer. Ce bois poussait dans un environnement de montagne au climat sec, et il se retrouve sous influence océanique, ce qui ne lui rend pas service », explique-t-il. Nous aurions pu acheter également des bois du Nord (de Scandinavie notamment) secs, usinés, rabotés, livrés quelques jours avant le début du chantier. Mais pourquoi faire venir du bois de si loin, même s'il est d'excellente qualité, quand nos forêts

éclairage

Du scieur au consommateur

« Lorsque je scie du bois avec beaucoup de sections différentes, j'essaie de tirer le meilleur parti de chaque grume, pour qu'il y ait le moins de pertes. Cela demande une certaine gymnastique pour calculer quelles pièces de bois je vais sortir de telle bille*. Il m'arrive deux ou trois fois par an de faire des débits pour des ossatures en bois. L'avantage pour le client, c'est qu'il découvre son bois, en apprend davantage sur le matériau, participe aux débits en rangeant les planches au fur et à mesure, et le paie au final moins cher grâce au circuit court. Pourquoi aller chercher du bois chez les négoces quand il y a des scieries, mobiles ou non, à côté de chez vous ? La difficulté est d'avoir du bois coupé hors sève, et de pouvoir le faire sécher ».

Étienne Lescure, scieur mobile dans le Tarn

technique

Attention au retrait du bois

Les montants d'ossature peuvent être très variés en fonction des projets. Il y a des standards, notamment canadiens (45 mm x 120 mm, 45 mm x 145 mm). Mais chaque maison peut s'envisager avec des sections particulières, surtout lorsqu'on achète son bois directement en scierie. Il faut veiller à une très bonne qualité de sciages si ceux-ci ne sont pas rabotés par la suite. Si c'est le cas, il faut prévoir de 5 à 7 mm de plus que les cotes finies (50 mm x 150 mm pour 47 mm x 143 mm au final dans mon cas), car en séchant le bois prend du retrait. Le choix des montants se fait aussi en fonction de l'épaisseur d'isolant que l'on souhaite mettre, et des charges à reprendre. Une bonne solution est une contre-ossature croisée (ou double ossature), qui permet d'augmenter la quantité d'isolant dans les murs et de limiter les ponts thermiques.

permettent de produire des bois adaptés ? Si j'avais acheté le bois par le biais d'un négoce, il m'aurait coûté plus de 500 € du m^3. Celui-ci est revenu à 230 €, transport compris. Le sapin coûtait la même chose à la scierie voisine, le mélèze ou le Douglas plus de 500 €. En donnant la main à Étienne, avec l'aide de John, le bois coûtait forcément moins cher. Prendre le temps de faire sécher son bois naturellement, à l'air et abrité, est une bonne option si on a le courage et le temps de l'empiler et la place pour le stocker.

Les débits de bois peuvent être calculés par le charpentier lui-même, s'il est doté d'un logiciel adéquat. Une entreprise qui nécessite un peu de calcul et de réflexion si la maison n'est pas tout à fait standard : grandes ouvertures, portées compliquées, etc. Ce qui est un peu le cas de celle-ci, malgré ses volumes simples, inspirés de ceux d'une grange du Trièves. L'autre solution est de faire appel à un bureau d'études bois. La solution la plus simple, me semble-t-il, est de faire faire les calculs de débits et les plans d'exécution par le charpentier qui mettra en œuvre l'ossature, car c'est lui qui sera confronté aux problèmes techniques à résoudre sur le chantier.

Début avril. La semi-remorque de bois est arrivée, 32 m^3 (24 tonnes) qu'il a fallu décharger puis à nouveau empiler proprement, c'est-à-dire liteler*, pour qu'il puisse sécher correctement avant la mise en œuvre prévue en **juillet**. Les différentes sections ont été réparties tant bien que mal sur le terrain et sur une partie de celui du voisin, en s'assurant que celles qui serviront en premier soient rapidement accessibles. Le litelage doit se faire rigoureusement, en surélevant suffisamment les premières planches posées sur des chevrons (10 cm) distants d'un mètre les uns des autres, et en renouvelant l'opération à l'étage supérieur avec des liteaux (27 mm x 27 mm), placés également à un mètre de distance. Les liteaux doivent être placés dans le même axe les uns au-dessus des autres, pour que les efforts liés au poids du bois

Tableau des cinq classes de risques biologiques

CLASSE	Situation générale en service (type d'ouvrage)	Humidité du bois	Risques d'humidification	Insectes	Essences
1	À l'abri des intempéries (lambris, parquets, menuiseries intérieures)	toujours <18 %	aucun	larves termites	hêtre, érable, etc.
2	À l'abri des intempéries (charpentes, planchers, ossatures)	parfois > 20 %	occasionnels	larves termites	sapin epicéa
3	Non abrité, sans contact avec le sol (bardages, menuiseries extérieures)	souvent > 20 %	fréquents Sans stagnation d'eau	larves termites	douglas mélèze pin sylvestre red cédar chêne
4	Contact avec le sol ou l'eau douce (pieds de poteaux, aménagements extérieurs)	toujours > 20 %	permanents avec rétention ou stagnation d'eau	larves termites	châtaignier
5	Bois en contact avec l'eau de mer (piliers, pontons, bois immergés)		permanents	térébrants marins	robinier

se répartissent correctement et que les planches ne subissent pas trop de déformations. Il a fallu ensuite couvrir les différents tas de bois, ce que j'ai fait avec du Delta (matériau plastique servant à la protection des éléments maçonnés), que nous réutiliserons plus tard, des bâches et des tôles de récupération. Le bois doit être couvert superficiellement, il ne faut en aucun cas le bâcher jusqu'au sol, car l'air doit pouvoir circuler. Quand cela était possible, nous l'avons stocké à l'ombre, pour qu'il ne soit pas trop exposé au soleil et ne sèche pas trop vite.

Fin avril. Nous n'avions pu scier tous les bois nécessaires au plancher cloué avec Etienne, du coup j'ai demandé à une scierie du pays les sciages complémentaires, environ 13 m³, à 225 € du mètre cube hors taxe. Il ne s'agit pas de Douglas, mais de sapin de la région qui fera l'affaire, le Douglas coûtant deux fois plus cher chez nous. Les sciages feront 4 centimètres de large par 20 de haut, pour des longueurs variant de quatre à six mètres, ce qui devrait permettre au bois de sécher un peu plus vite. Le scieur a eu la gentillesse de stocker le bois sur son terrain, nous viendrons le chercher au dernier moment.

à retenir

La préservation des bois

Le bois est sensible aux insectes, et aux champignons. Les premiers (vrillettes, lyctus, capricornes, termites) attaquent le bois dans certaines conditions (humidité, mauvaise ventilation), et dans certaines régions seulement. Un traitement de préservation sert à améliorer la résistance du bois aux champignons et aux insectes. Il est appliqué aux bois devant être installés en extérieur, ceci afin d'augmenter leur durée de vie. Pour prémunir le bois non durable contre les champignons lignivores, il faut appliquer un traitement fongicide en profondeur dans les parties exposées, alors que pour le protéger des insectes, un traitement insecticide en surface suffit. Il faut faire très attention au choix des bois traités : la plupart contiennent des produits très nocifs pour l'environnement. Mais avant de traiter les bois, commençons par choisir des essences naturellement durables (voir tableau page 19) et respectons certaines règles de base. Il est plus aisé de se préserver des champignons, qui se développent lorsque le taux d'humidité des bois d'œuvre est compris entre 22 et 30 %, en évitant par exemple l'eau stagnante contre les lisses très basses*, et en utilisant des bois à un taux d'hygrométrie proche de 17 %. Il faut par ailleurs utiliser des bois contenant le moins d'aubier possible.

Bois litelé mais non couvert.

2 La conception architecturale et les compromis bioclimatiques

Octobre 2004. Retour en arrière, je viens de signer le compromis de vente, et, assis au pied de l'un des arbres du bassin (le terrain comprend un ancien bassin de 800 m² d'un mètre de haut, vide depuis 50 ans), je pense à ce que pourrait être notre maison. C'est assez facile d'imaginer quelque chose de basique, en d'autres termes de poser une maison néorégionaliste (reproduisant les canons architecturaux de la région), mais le terrain n'est pas facile, car occupé par cet ancien bassin. En outre de nombreux arbres, en particulier deux cèdres et un marronnier, tous trois centenaires, limitent les possibilités d'implantation de la construction. Évidemment, il est hors de question de les abattre. Avant même de trouver le terrain, je m'étais dit que je ferais probablement appel à un ami architecte. Le plus drôle étant que cet architecte n'est pas du tout un spécialiste du bois, et conçoit plutôt des bâtiments publics. Mais j'apprécie son travail, sa culture architecturale, sa philosophie de la vie, ses engagements. En outre il nous connaît très bien et saura répondre à nos attentes. Tout a commencé, une fois le terrain acheté, par un descriptif de nos aspirations, que nous pourrions résumer ainsi : une maison aux volumes simples, compacte, s'inspirant des granges de la région, trois chambres, un bureau pouvant faire office de chambre d'amis, de larges ouvertures au sud, un grand séjour et une cuisine attenante séparée par un comptoir, un poêle à bois en position centrale, une ouverture pour permettre à la chaleur de se diffuser correctement dans les pièces de l'étage. Le premier projet de Jean-Baptiste fut le bon, et hormis quelques détails, la maison sera telle que pensée par l'architecte. Le projet est le fruit de nombreux échanges, moultes discussions et réflexions communes. Nous avons dû revoir certaines de nos exigences bioclimatiques à la baisse. Ainsi je penchais plutôt pour de grandes ouvertures au sud, l'architecte les a dessinées à l'ouest ce qui est *a priori* une erreur. Sauf que notre terrain est très arboré à l'ouest, et qu'une maison se construit au sud de la nôtre, à moins de 50 m. Et puis en passant régulièrement sur le terrain durant

L'ossature panneaux est constituée de montants d'ossature de sections identiques, rigidifiée grâce à des panneaux de contreventement.

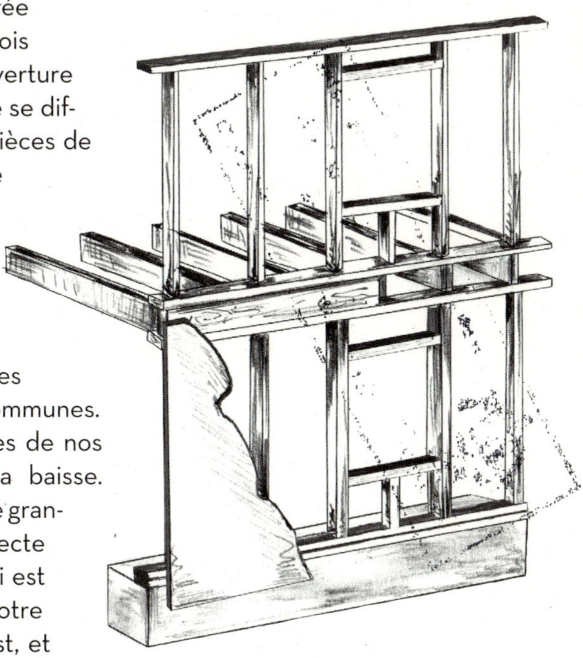

éclairage

Pratiquer une architecture simple

« Il me semble qu'une bonne attitude est de considérer l'acte de bâtir comme la rencontre amoureuse d'un souhait d'habiter et d'un sol. Il faut extraire du terrain les qualités futures de la construction. Observer, analyser l'environnement géographique et social, s'en nourrir et le digérer pour proposer une identité forcément unique : il se trouve plusieurs façons de s'inscrire dans un lieu donné mais aucune ne trouvera un autre site. Bien sûr, le contexte a ses contradictions, ses éléments négatifs mais, petit à petit, tous les éléments observés concourent à faire jaillir la solution.

À partir de ce préalable, les attentes et besoins en termes d'habitat trouvent une concrétisation spatiale dans un dialogue fécond entre l'intérieur et l'extérieur. Les fenêtres sont la célébration de ce dialogue. Choisir ses vues, cadrer, en fonction des moments de la journée, de l'occupation de la pièce, du soleil. Laisser respirer la maison, rendre fluides ou au contraire contracter les transitions entre les espaces qui ne sont pas forcément des pièces, ménager des surprises.

Enfin, faire simple. Une maison à visée écologique est avant tout une construction qui procède d'une réelle économie de moyens pour offrir le plus grand confort ».

Jean-Baptiste Cubaud, architecte du projet.

à retenir

Les garanties décennales, assurances et autres précautions

La garantie décennale est un contrat entre le client (maître d'ouvrage) et l'artisan qui réalise les travaux. La responsabilité de l'artisan est engagée sur les malfaçons qui compromettent la solidité et l'étanchéité d'un édifice, ou le rendent impropre à l'usage auquel il est destiné. En ce qui concerne mon chantier, l'entreprise de charpente m'apporte une garantie décennale pour le montage de l'ossature et la toiture. Pour le reste, réalisé en autoconstruction, (plomberie, maçonnerie, etc.), étant le maître d'œuvre de mon chantier, je ne pourrai m'en prendre qu'à moi-même si un problème survient. Là où les choses se compliquent c'est lorsque l'on fait tout soi-même, donc sans décennale, et que l'on souhaite contracter un prêt immobilier. Les banquiers exigent en général une garantie décennale, mais il est toujours possible de négocier, en argumentant et détaillant le projet. Enfin, n'oubliez pas de prévenir votre assurance que vous vous lancez dans la construction de votre maison, pour être couvert en cas d'accident.

Autre cas de figure : vous souhaitez que votre charpentier utilise des matériaux « non conventionnels », ne possédant pas d'avis technique. Délivrés par le CSTB (Centre scientifique et technique du bâtiment), les avis techniques expriment un avis d'expert sur un matériau industriel. Sans avis technique sur un panneau de contreventement par exemple, un charpentier, un architecte, hésitera à engager sa responsabilité voire refusera le chantier. D'autres acceptent la prise de risque, par conviction et militantisme. Heureusement les choses changent vite, et des matériaux tels que le chanvre, la ouate de cellulose, les panneaux de contreventement Agepan ou PXD, ont obtenu ou sont en passe d'obtenir des avis techniques.

La technique du poteaux-poutres utilise des sections de bois plus importantes, et permet de plus grandes ouvertures. Le remplissage entre les poteaux peut se faire avec des bottes de paille, du chanvre, etc.

quatre saisons, nous nous sommes aperçus que l'espace le plus agréable, notamment l'été, était à l'ouest. Il y aura des ouvertures au sud, pour bénéficier de solaire passif, mais sous forme de fenêtres étroites et hautes, qui confèrent une réelle intimité à l'espace intérieur tout en laissant rentrer la lumière. Le terrain rêvé, permettant toutes les audaces et l'application des principes bioclimatiques définis dans les magazines et les livres, n'est pas toujours celui qu'on acquiert. D'où l'intérêt de faire appel à un bon architecte qui saura trouver les solutions adéquates. La grande qualité de la conception de notre maison est d'avoir, dans un espace relativement petit (6 x 12 m au sol, sans le garage), réussi à tout caser, tout en ménageant au rez-de-chaussée un espace non cloisonné. J'ai également abandonné l'idée de départ d'une dalle lourde qui apporterait de l'inertie, pour des raisons de mise en œuvre. Pas envie de me lancer en autoconstruction dans une dalle béton, même si un béton ciré au rez-de-chaussée me séduisait. En outre cela me semblait pertinent si nous options pour un chauffage basse température dans la dalle, mais nous n'avons pas fait ce choix. Nous obtiendrons donc un minimum d'inertie en maçonnant toute la partie entourant le poêle en briques de terre crue, fabriquées maison. Et puis en zone de montagne, je préfère une maison rapide à chauffer en hiver, les chaleurs estivales étant largement supportables par rapport à celles

Système constructif avec des fustes (rondins) ou des madriers (grumes équarries).

à retenir

Une commune ne peut pas refuser une construction en bois (aspect structurel), mais elle peut imposer l'aspect extérieur, du crépi plutôt que du bardage par exemple. Dans tous les cas, il faut toujours rencontrer le maire (ce que j'ai fait, assez longuement, en détaillant le projet, en argumentant), et l'architecte conseil, plusieurs fois si nécessaire. Car bien souvent il y a encore confusion entre le chalet, dont la place est en montagne (Savoie, Haute-Savoie), et les maisons ossature bois, dont la technique permet de concevoir des bâtiments s'intégrant très bien au paysage bâti et naturel.

que l'on subit en plaine. Nous avons donc privilégié le confort thermique d'hiver au confort thermique d'été, ce dernier étant en partie assuré par la présence d'arbres autour de la maison et par l'isolation conséquente en toiture (230 mm de ouate de cellulose) et dans les murs (143 mm du même isolant), permettant un bon déphasage*. Une maison très bien isolée, s'approchant des critères d'une maison passive*, perdra peu de calories pendant la nuit en hiver et résistera mieux aux surchauffes estivales. En outre la maison est extrêmement compacte, orientée est-ouest (pignon à pignon), et la distribution des pièces intérieures s'articule autour du poêle à bois qui occupe une position centrale. Un vide sur le rez-de-chaussée (voir plans pages suivantes) a été aménagé dans le plancher cloué, ce qui favorisera la diffusion de l'air chaud à l'étage, où se trouvent les chambres. La toiture végétalisée sur le garage permettra à celui-ci d'assurer une fonction de zone tampon au nord-est, puisqu'il n'y fera jamais ni trop chaud, ni trop froid. Certes, dans l'idéal nous aurions pu placer ces zones tampon au nord, mais la configuration des lieux ne le permettait pas, à moins d'opter pour des volumes radicalement différents, or nous tenions à l'idée de « grangette

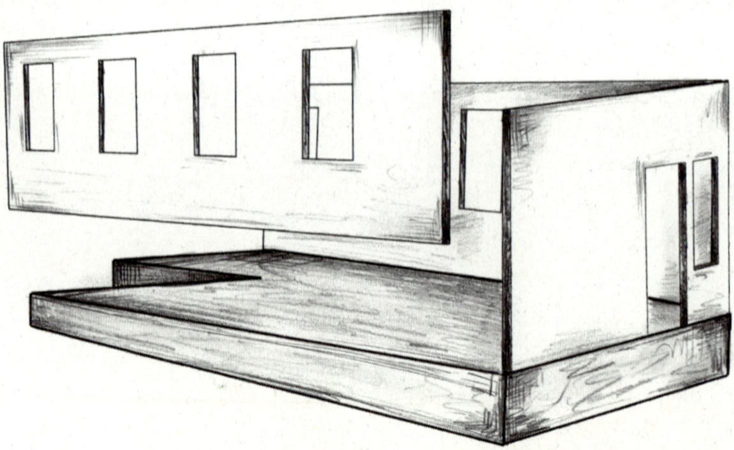

Les panneaux de bois massif lamellé-collé permettent un assemblage rapide et offrent une bonne résistance thermique avec de l'isolation rapportée à l'extérieur. Mais le coût reste élevé, et la technique est inaccessible en auto-construction.

éclairage

Pour une architecture audacieuse

« Dans les années soixante-dix, les plans d'occupation des sols (POS) ont imposé la dictature du néo-régionalisme. Un frein incontournable qui condamne la culture architecturale à l'immobilisme depuis 30 ans alors que nos voisins allemands ou autrichiens font dans le même temps progresser cette culture. Ils parviennent depuis 20 ans à faire des maisons individuelles et collectives passives en matériaux écologiques. Le bois est leur principale réponse car il présente l'avantage d'être un matériau local facile à exploiter et en abondance. Il offre de grandes possibilités d'expression si l'on accepte de faire évoluer les traditions. La production de ces 30 dernières années mérite-t-elle qu'on s'y attarde ? De quel droit nos contemporains ont-ils figé la forme architecturale au régionalisme ? Une architecture audacieuse en confrontation avec le passé pourrait être une source de tourisme bien plus riche qu'une mauvaise imitation prétendue intégration ».

Jean-Luc Moulin, architecte à Saint-Sébastien (38)

améliorée ». Bien que le projet soit entièrement en bois, que la toiture comporte des panneaux solaires, que celle du garage soit végétalisée, ce qui n'existait pas sur la commune, le permis a été accordé dans les délais, sans aucune restriction. La simplicité du projet et l'avis très favorable de l'architecte conseil du canton ont aidé. Nous avons également privilégié une toiture traditionnelle de la région en tuiles écailles, deux fois plus chère qu'une toiture en tuiles mécaniques, mais à laquelle nous tenions.

Grangette du Trièves (Sud-Isère).

Plans de permis de construire

Élévations

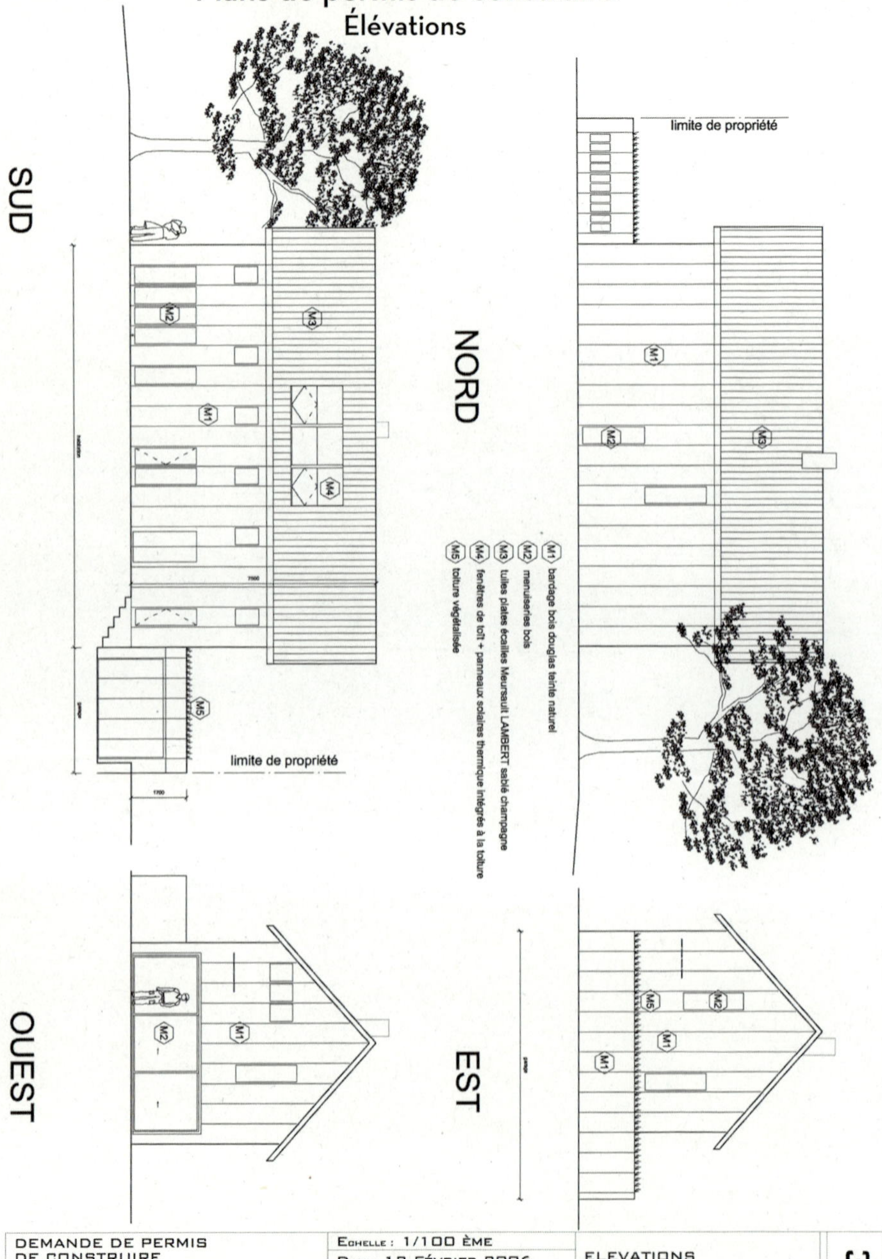

Quelques modifications ont été apportées. Les panneaux solaires plus la fenêtre de toit sont au nombre de quatre et non pas six. Une petite fenêtre a été rajoutée en façade Nord.

Plan de masse

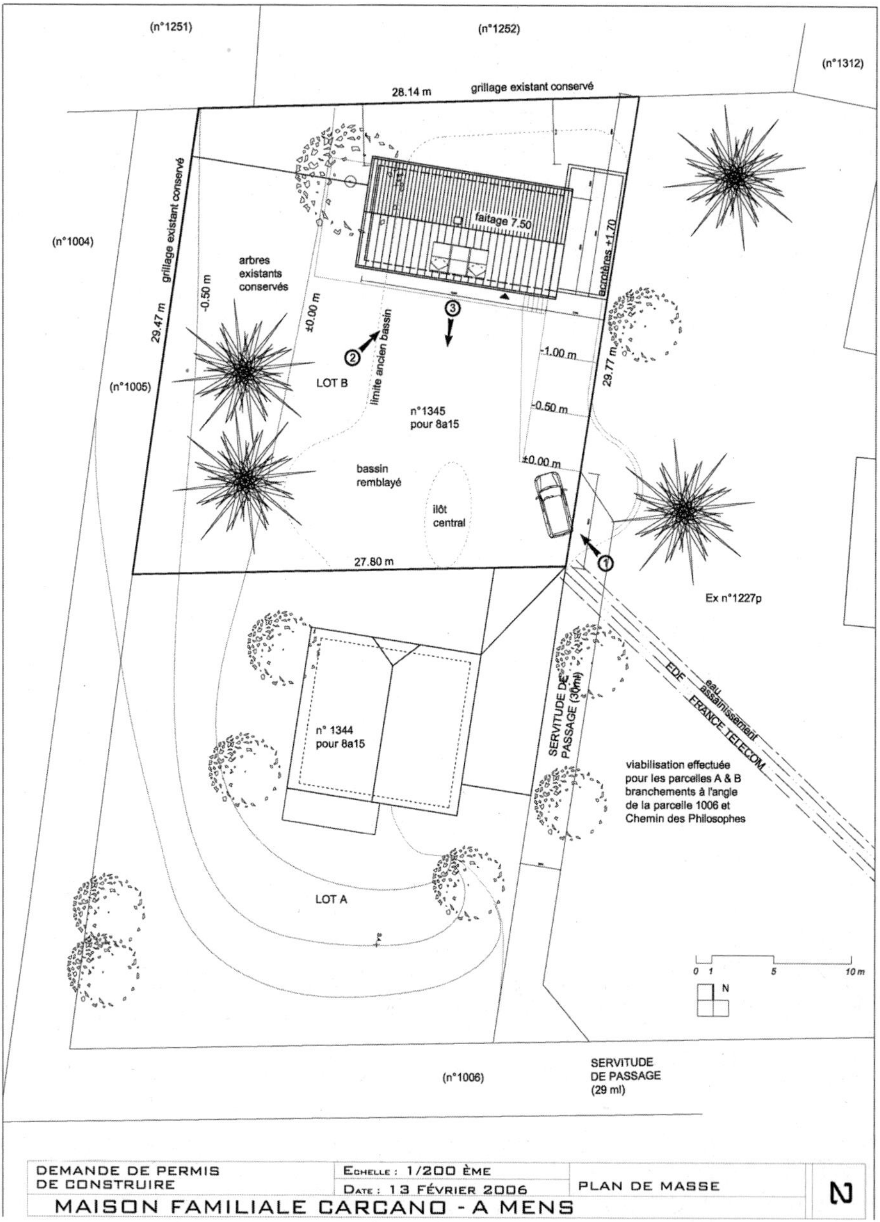

Plan RDC

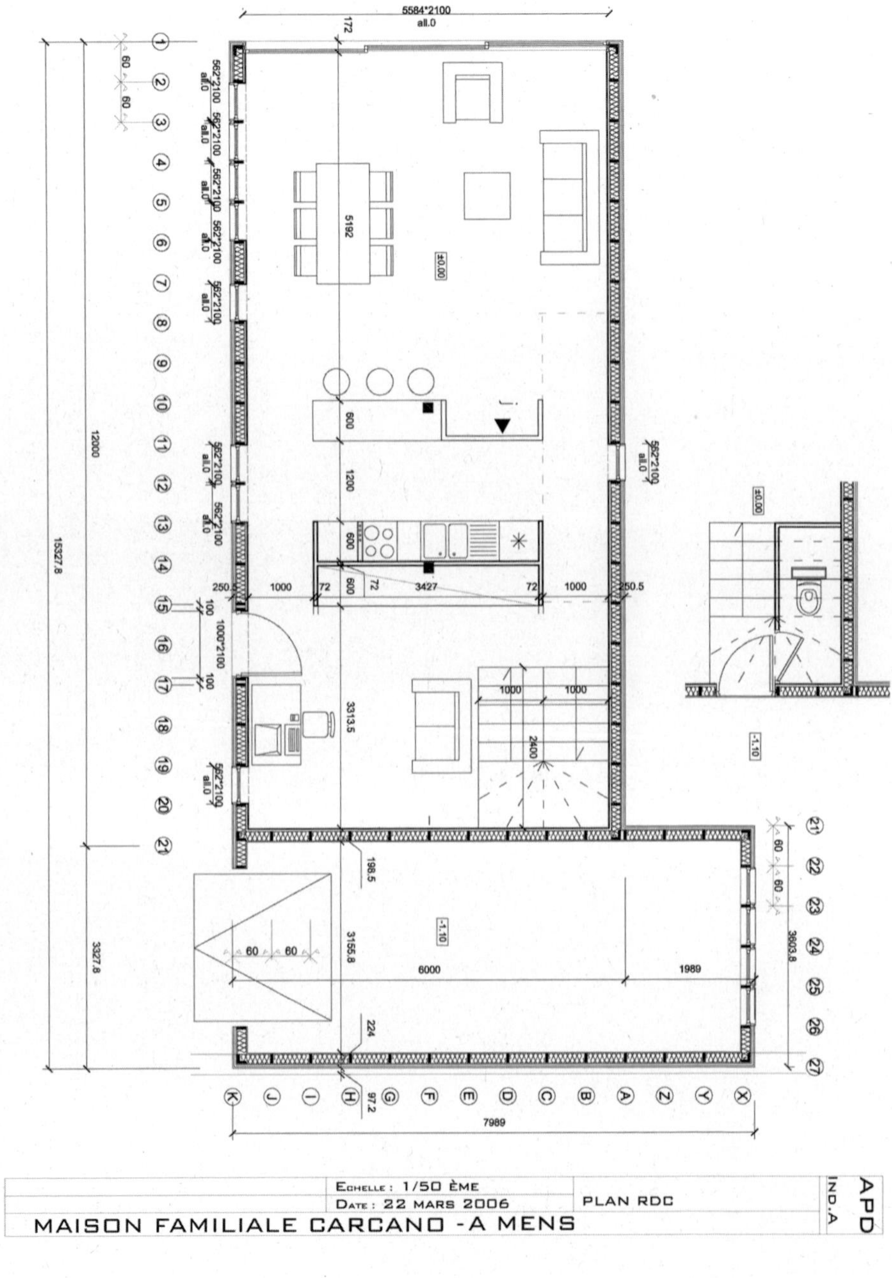

▼ Poêle à bois

Plan étage

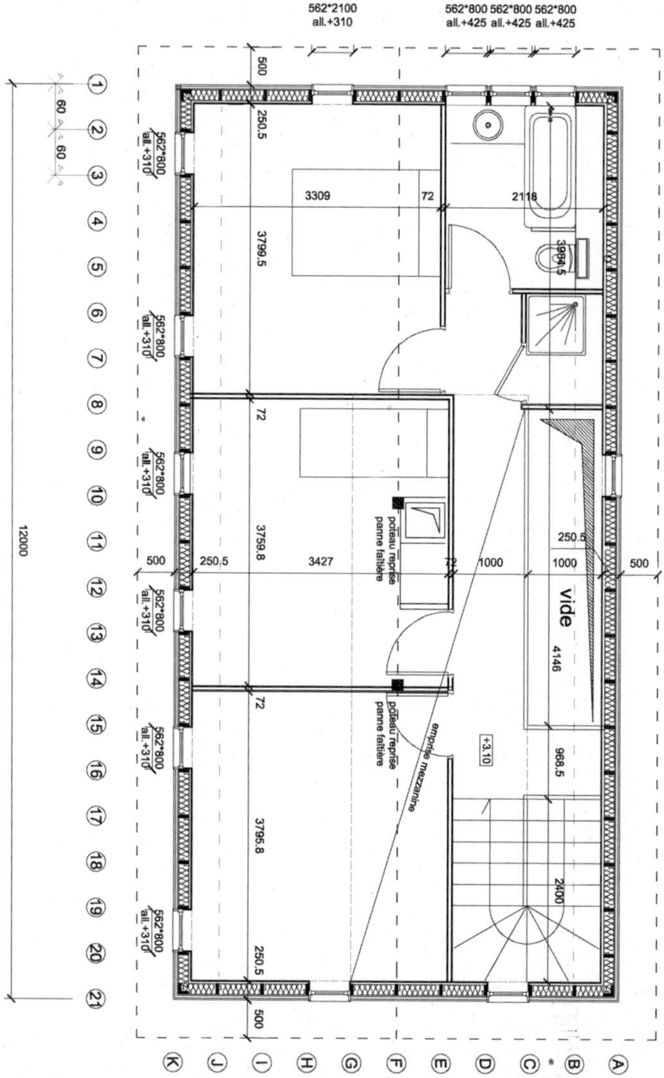

ECHELLE : 1/50 ÈME
DATE : 22 MARS 2006
PLAN ETAGE
IND.A

MAISON FAMILIALE CARCANO - A MENS

Les modifications apportées concernent la salle-d'eau, réorganisée pour pouvoir y caser le chauffe-eau solaire. Nous n'avons conservé qu'une douche.

3 Le puits canadien

Mi-mai 2006. Après quelques journées de marteau-piqueur pour préparer la venue du terrassier, le terrassement est enfin achevé. Les fouilles (tranchées des fondations) font 50 cm de large et 35 cm de profondeur. Elles recevront le béton pour les semelles, c'est-à-dire les fondations du vide sanitaire. Les élévations du vide sanitaire feront 80 cm. Une maison ossature bois est cinq fois moins lourde qu'une maison en parpaings, d'où des fondations moins importantes, donc moins de volume de béton à couler. Les nôtres sont un peu larges, mais le terrassier utilise un godet de 50 cm de large... La fouille pour la cuve de récupération des eaux de pluie est réalisée, de même que la tranchée du puits canadien. Nous avons donc commencé, mon père et moi, à poser ce dernier, malgré de multiples questionnements.

Le tuyau utilisé est en PVC de 160 mm de diamètre.

Il existe peu de documentation sur l'autoconstruction des puits canadiens, mais de nombreux sites évoquent cette technique également appelée puits provençal. Le principe est assez simple : il consiste à profiter de l'inertie de la terre, grâce à un tuyau enterré à une certaine profondeur, pour rafraîchir la maison l'été et la réchauffer l'hiver. À une certaine profondeur (environ deux mètres), la température de la terre varie peu,

Le tuyau du puits (au centre sur la photo) débouche dans le futur vide sanitaire.

sauf d'une saison à l'autre : 15 °C en été, 4 à 6 °C l'hiver (ces chiffres dépendent évidemment de la situation géographique). L'air qui circule dans la canalisation enterrée (de 150 à 200 mm de diamètre en général) « échange » ses calories avec celles de la terre. L'hiver, l'air qui entre dans le puits est donc peu à peu réchauffé grâce à l'inertie de la terre, l'été c'est le contraire. Ainsi, avec une température extérieure de 29 °C, l'air à la sortie du puits, donc dans la maison, peut tomber à 24 °C. On comprend tout l'intérêt de cette climatisation naturelle. L'hiver, si la température extérieure est par exemple de 0 °C, celle de l'air à la sortie du puits, dans la maison, peut être autour de 6 °C. L'air préchauffé permettra l'hiver d'alimenter le poêle à bois en oxygène, détail qu'il ne faut pas négliger avec ce type de chauffage.

15 mai. Nous avons attaqué la pose du puits, qui mesure 25 mètres de long et est enterré à 1,80 m de profondeur en moyenne. Le tuyau de PVC est posé sur un lit de sable, puis couvert de terre meuble pour permettre le meilleur échange thermique possible. Un puits perdu rempli de graviers lavés (2 m^3) permet de recueillir les condensats[1] qui pourraient se former dans le puits, et qu'il faut absolument évacuer. Si vous disposez d'une cave, vous pouvez récupérer ces condensats grâce à un siphon en partie basse du puits. Dans tous les cas, il faut que le puits suive une pente de 2 à 3 % pour l'évacuation de l'eau. Pour ce qui est de la conduite, nous avons opté pour du PVC en diamètre de 160 mm, malgré les avis partagés sur la question. Le PVC n'est pas un matériau écologique, peu recyclable, et les principaux reproches qui lui sont faits (outre sa fabrication utilisant du chlore et d'autres produits nocifs) se résument à cette hypothèse : le frottement de l'air sur les parois en PVC favoriserait la dispersion de composés organiques volatils (COV) dans le puits. Encore faut-il que l'air atteigne une température de plus de 60 °C, ce qui n'arrivera pas ici. Autre inconvénient, selon Bruno Herzog, autoconstructeur spécialiste du puits canadien, « les tuyaux de PVC sont fabriqués de telle sorte, avec plusieurs épaisseurs, que l'échange thermique est moins bon. Sur 25 m, seuls 15 peuvent être efficaces. Il faut donc augmenter de 5 à 10 m la longueur du puits pour obtenir le même échange thermique qu'avec un tuyau en polypropylène ». Ce matériau, comme le polyéthylène, est plus cher mais plus écologique et plus

éclairage

Veiller à l'étanchéité

« L'une des choses les plus importantes à soigner lors de la réalisation d'un puits canadien concerne l'étanchéité de celui-ci. Il s'agit du renouvellement de l'air intérieur, celui que nous respirons au quotidien, il faut donc éviter que l'humidité ne s'installe dans le puits. D'où la nécessité de prévoir un regard de visite pour s'assurer que l'eau ne s'infiltre pas dans le puits. Le regard peut être réalisé en béton, mais dans des zones géographiques où le radon – un gaz toxique – est présent, mieux vaut utiliser un regard étanche en polyéthylène. Quant aux avantages du puits canadien, ils sont multiples. N'oublions pas qu'il s'agit avant tout d'un moyen d'économiser de l'énergie, de préchauffer l'air l'hiver ou de le refroidir l'été, mais en aucun cas d'un chauffage à part entière ».

Bruno Herzog, autoconstructeur et spécialiste du puits canadien

1. L'été, l'air chaud se condense dans le puits et produit de l'eau, ou condensats, qui ne doivent pas stagner au risque de favoriser le développement de champignons ou de bactéries.

Schéma type d'un puits canadien.

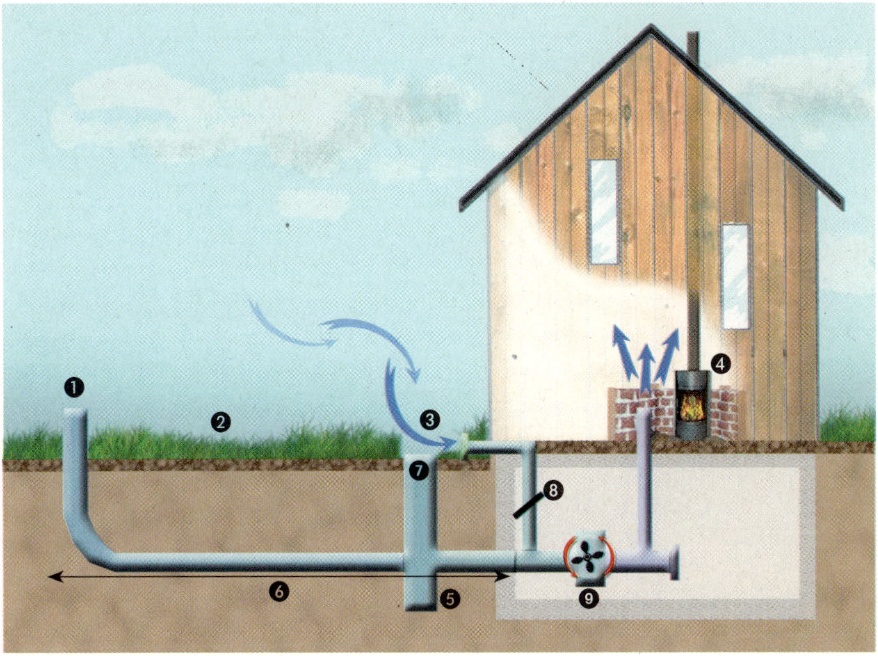

Source : www.batirbio.org

1. Filtre G3/G4 / entrée d'air principale
2. Sol naturel
3. Entrée d'air mi-saison
4. Poêle à bois, arrivée d'air dans le séjour
5. Les condensats sont évacués dans un puits perdu.
6. Distance mini 30 m, pente de 3 %
7. Regard
8. Clapet pour entrée d'air en demi-saison
9. Ventilateur

efficace. J'ai cependant tranché pour la solution la plus économique, peut-être un peu vite ? Le tuyau doit être entouré de terre, 1,5 m minimum de chaque côté. Il faut absolument soigner la pose de la conduite, notamment en fonction des différentes qualités du sol, pour ne pas risquer de voir le tuyau écrasé ou dégradé. Si des voitures doivent circuler au-dessus du puits, il faut éventuellement opter pour des tuyaux renforcés. Pour le passage dans le vide sanitaire, et pour conserver le bénéfice de l'inertie de la terre, j'ai décidé de maçonner une sorte de colonne remplie de terre autour du tuyau jusque sous le solivage. Une fois le tuyau entouré d'un lit de sable, puis la tranchée comblée de terre, le puits peut être soit raccordé à une VMC (ventilation mécanique contrôlée) double flux ou à un ventilateur additionnel qui va fonctionner de pair avec une VMC simple flux. Dans les deux cas, l'air est aspiré puis distribué dans la maison grâce à un réseau de gaines et l'air vicié est extrait par le même système. Le puits couplé à une VMC double flux est un système très efficace, utilisé dans des maisons très bien isolées, dites passives*.

En ce qui me concerne, je ne voulais pas d'une VMC (trop de tuyaux supplémentaires à faire passer dans les cloisons) d'autant plus que les murs perspirants* de notre maison facilitent l'évacuation de l'humidité. Le problème d'une ventilation mal conçue dans une ossature bois particulièrement étanche à l'air est que ce dernier cherchera à fuir par les moindres défauts d'étanchéité de l'enveloppe, favorisant du coup des concentrations de vapeur d'eau à ces points névralgiques. D'où l'intérêt de la VMC double flux. Mais elle consomme de l'énergie, et coûte relativement cher (de l'ordre de 3000 €). Pour renouveler l'air, j'ai choisi d'installer

La tranchée du puits est recouverte, le vide sanitaire est en cours de réalisation dans cet ancien bassin maçonné.

technique

Une ventilation mécanique double flux permet de récupérer les calories de l'air vicié extrait de la maison, qui passe dans un échangeur. Il y a donc beaucoup moins de déperditions de chaleur qu'avec une simple extraction d'air puisque les calories sont réutilisées. Encore faut-il que l'étanchéité de la maison soit particulièrement soignée, et l'isolation conséquente.

des extracteurs dans les pièces humides, couplés à une minuterie. La configuration sera donc la suivante : une entrée d'air via le puits canadien grâce à un ventilateur placé à l'entrée du puits, des extracteurs dans les deux toilettes, la salle d'eau et la cuisine (hotte).

Question : comment équilibrer l'entrée et la sortie d'air ? En d'autres termes, comment éviter que la maison soit en dépression ou en surpression ? Pour cela il faut évaluer la quantité d'air extrait par les différents systèmes, sans oublier le poêle à bois qui consommera l'hiver une partie de cet air, et dimensionner le ventilateur en conséquence, en tenant compte des pertes de charge induites par la longueur du tuyau et la présence de coudes. Je m'attaquerai à ces calculs plus tard...

Certaines entreprises proposent par ailleurs des kits puits canadien, dont les prix restent relativement élevés (comptez entre 3000 et 4000 € pour une installation réalisée par un professionnel).

post-scriptum février 2007

Après quelques mois d'hiver – clément – dans cette maison, je m'aperçois que le poêle à bois, lorsqu'il fonctionne, produit un appel d'air et force la convection de l'air dans le puits canadien. Le renouvellement de l'air se fait grâce au puits et à des extracteurs dans les pièces humides (deux toilettes, une salle de bain). Tout cela s'est fait sans études techniques précises, la ventilation demeure l'une des étapes la plus complexe d'une construction. Quant au taux d'humidité, il est extrêmement stable, variant de 32% à 36%. Bizarrement, malgré le chauffage au bois, la sensation d'air sec est peu marquée et l'atmosphère intérieure très agréable.

4 Tombée du ciel

En **2006**, 8 000 habitations françaises étaient équipées de systèmes de récupération d'eaux de pluie, contre 100 000 en Allemagne. En Belgique, toute nouvelle construction doit être pourvue d'une installation de récupération des eaux pluviales destinées aux sanitaires et à des usages extérieurs à l'habitat. En France, la récupération devrait être rendue obligatoire dans tout projet de construction neuve mais seules quelques communes l'ont décidé, subventionnant par ailleurs les installations.

Coffrage de la cuve de récupération d'eau de pluie.

❶ Treillis soudé
❷ Dalle béton
❸ Fers de ø 10 liaisonnés au treillis
❹ Agglos à bancher empilés sur les fers droits
❺ Remplissage des agglos avec du béton
❻ À chaque rang, 2 fers de ø 8 horizontaux assurent le chaînage horizontal

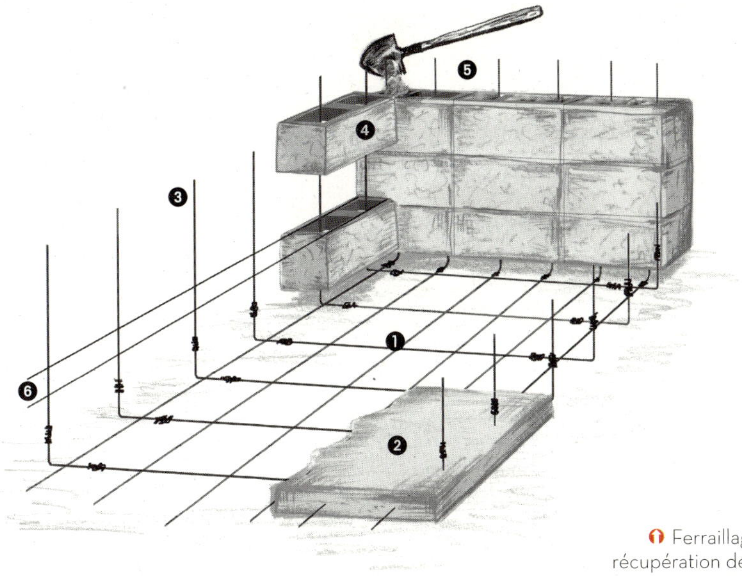

Ferraillage de la cuve de récupération des eaux de pluie.

Note : un chaînage périphérique de la dalle (non dessiné) est également réalisé.

Un individu consomme en moyenne en France 135 litres par jour. Sur ces 135 litres, 70 litres servent à des usages non alimentaires et non corporels (ainsi les toilettes représentent environ 35% de notre consommation d'eau). Ce sont ces 70 litres que je souhaiterais prélever dans la cuve de récupération d'eau de pluie plutôt que sur le réseau d'eau potable. Les avantages sont multiples : préserver les nappes phréatiques, réduire la facture annuelle d'eau, soulager le réseau d'assainissement en conservant cette eau de pluie, économiser sur les détergents en utilisant une eau douce peu minéralisée pour le lave-linge. Sans parler des résistances de ces appareils qui durent plus longtemps s'ils sont alimentés avec une eau douce. Le surcoût d'une telle installation n'est pas énorme, il l'est évidemment encore moins en autoconstruction. En outre, un crédit d'impôt permettra de récupérer une partie du coût de l'installation (lire encadré page 41).

L'enduit de la cuve est réalisé avec un mélange chaux, ciment et produits hydrofuges.

Au mois de **mai,** dès que le terrassier est arrivé sur le terrain, je lui ai demandé de creuser l'emplacement de la cuve, au nord de la maison, à l'abri du soleil. Cela évitera d'éventuels développements microbiens. Puis nous avons attaqué la construction avec John en **juin**, en agglos à bancher, armés verticalement et horizontalement. Il faut que la maçonnerie puisse résister à la pression de la terre lorsque la cuve est vide. Nous l'avons faite en béton, car c'est le matériau le plus approprié pour neutraliser l'acidité de l'eau de pluie[1]. Le plastique est souvent déconseillé car il n'a pas cette fonction-là. Mais une cuve en polyéthylène (PE) conviendra très bien pour l'arrosage uniquement, ou dans les cas de terrains très pentus ne permettant pas l'installation d'une cuve en béton. En outre il est toujours possible de déposer quelques blocs de béton au fond de la cuve pour neutraliser l'acidité de l'eau de pluie. Des fabricants proposent aujourd'hui des installations clés en main à partir de 4800 € (cuve de 4 m^3 minimum) voire plus en fonction de la capacité de stockage de la cuve et de la technicité de la pompe.

1. L'acidité de l'eau de pluie est variable en France, en outre les nouvelles constructions voient leurs canalisations en cuivre remplacées par du PE. Dans ce cas-là l'acidité n'a plus de conséquences.

à retenir

Un crédit d'impôts de 25 % a été voté lors du débat sur la nouvelle loi sur l'eau au printemps 2006. Il concerne les installations de récupération des eaux de pluie. Mais en février 2007, on ne savait pas encore s'il portait sur le matériel, la main d'œuvre, ou les deux.

La cuve de récupération des eaux de pluie et l'alimentation de la maison (vue de dessus).

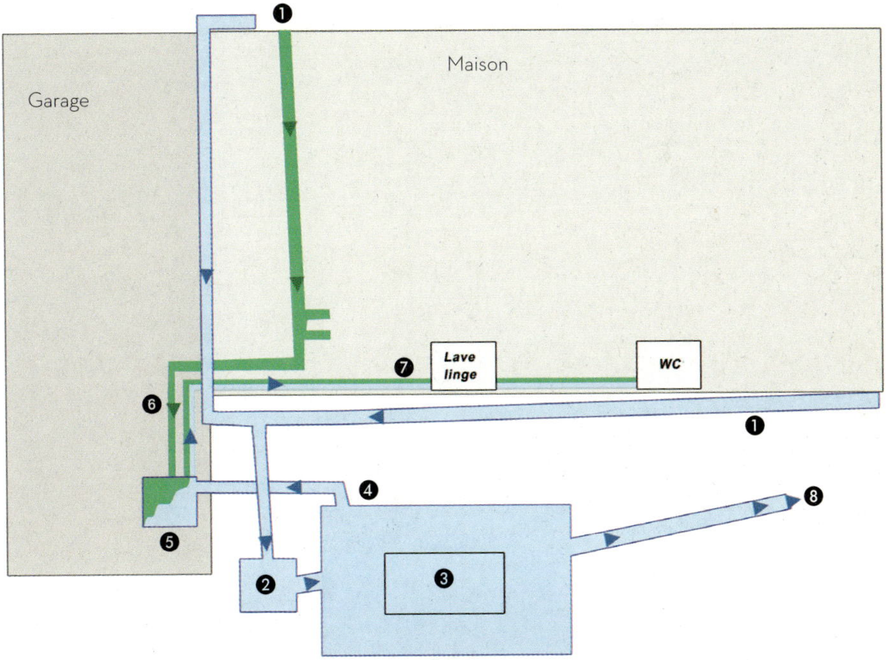

❶ Récupération de l'eau de pluie de toiture
❷ Préfiltration de l'eau
❸ Cuve de récupération
❹ Aspiration de l'eau de la cuve
❺ Pompe de disconnexion automatique
❻ Arrivée d'eau potable
❼ Refoulement-distribution de l'eau de pluie vers le lave-linge et les toilettes (ou de l'eau du réseau si la cuve est vide)
❽ Évacuation du trop plein

La capacité se calcule en fonction de la pluviométrie locale, de la surface de la toiture et du type de la couverture, des usages prévus (toilettes, lave-linge et jardin par exemple), du nombre de personnes vivant dans la maison. Il est plus ou moins communément admis que pour ces usages, une cuve de 5 m³ est un minimum. J'ai décidé de construire une cuve de 7 m³, histoire de ne pas me retrouver à sec l'été, en espérant qu'elle débordera deux fois par an (lire éclairage).

Fin juin, la cuve est enfin terminée, l'enduit intérieur (ciment + chaux + produits hydrofuges en petite quantité) fut un peu laborieux mais le résultat est pour l'instant probant. Pour le raccordement, nous avons prévu les réservations suivantes : une entrée d'eau de 100 mm de diamètre reliée aux chéneaux pour la remplir, un trou pour le tuyau d'aspiration (environ 40 mm de diamètre), et un trou de 100 mm de diamètre pour évacuer le trop-plein, ce dernier étant percé un peu plus bas que l'arrivée d'eau. Avec le recul, la réservation pour le tuyau d'aspiration (40 mm) est trop étroite, j'ai été obligé de démonter la réservation en PVC pour pouvoir glisser le tuyau. Donc mieux vaut prévoir un peu plus large si, comme moi, on ne connaît pas le diamètre du tuyau que l'on utilisera. L'eau est filtrée à la descente des chéneaux (je vais poser un système de grillage avant la descente, dans les gouttières), puis à travers un préfiltre avant d'arriver dans la cuve, pour éviter l'accumulation de particules et de limons au fond de celle-ci (ce

éclairage

Éviter de surdimensionner

« La norme européenne impose une stricte séparation des réseaux d'eau de pluie et d'eau potable. Pour y parvenir, deux solutions : une pompe de disconnexion automatique, ou une alimentation de la cuve en eau potable lorsque l'eau de pluie fait défaut. Parmi les précautions à prendre, il faut veiller à ce que la limite supérieure de l'eau dans la cuve soit au moins à 60 cm sous le niveau de la terre. Car si gel il y a, il peut y avoir des micro-fissurations si la cuve n'est pas correctement enterrée. Il faut également dimensionner la cuve pour qu'elle déborde deux fois par an, afin d'évacuer les différentes impuretés, notamment les pollens en suspension. Un surdimensionnement n'est donc pas souhaitable. Enfin, les cuves de fosses sceptiques, bien que moins chères que les cuves de récupération, ne sont pas adaptées à la récupération d'eau de pluie car elles ne sont pas construites pour fonctionner à vide, contrairement aux cuves d'eau de pluie qui peuvent l'être l'été ».

Bertand Gonthiez, ingénieur (Aquavalor)

La cuve est fermée par des hourdis, en ménageant un trou d'homme au milieu.

qui ne me dispensera pas d'un nettoyage de la cuve annuel ou bisannuel). Il sera également autoconstruit, avec un panier extractable (mailles de 0,9 mm) et du bidime (feutre géotextile), pour pouvoir le nettoyer aisément, le tout dans un regard de 40 x 40 cm. Pour distribuer l'eau dans la maison, j'ai opté pour une pompe placée à l'intérieur de la maison, qui bascule automatiquement vers le réseau d'eau potable lorsque la cuve est vide, sans risque de mélange entre les deux réseaux. Il y a donc deux arrivées d'eau vers la pompe, celle du réseau et celle de la cuve. Lorsque la cuve est vide, la pompe le détecte automatiquement et bascule vers le réseau d'eau potable, qui alimente deux toilettes et le lave-linge. Une pompe telle que celle-là coûte plus cher qu'une simple pompe d'aspiration ou d'immersion (environ 1000 € contre 300 €), mais elle permet de respecter les normes sanitaires.

5 Une toiture terrasse végétalisée

Lors des premières discussions avec Jean-Baptiste, l'architecte, nous avions très vaguement évoqué l'idée d'une toiture terrasse végétalisée sur le garage. Puis elle s'est imposée, comme réponse assez évidente à la contrainte de limite de propriété. Du côté est, côté garage, il était plutôt compliqué de réaliser une toiture à un pan qui viendrait s'appuyer sur la maison. En outre c'était un peu pataud, et ce type de toiture aurait masqué une partie du pignon est de la maison. La toiture terrasse, au contraire, a permis de respecter la distance minimale par rapport à la limite de propriété tout en ménageant une perspective au nord depuis le devant de la maison, laissant la liberté à l'architecte de placer des fenêtres où bon lui semblait sur le pignon est. Outre l'intérêt esthétique, et le fait que chez nous elle était une bonne réponse à des contraintes urbanistiques, une toiture végétalisée présente de nombreux avantages : elle facilite la rétention des eaux pluviales, et donc de moindres rejets dans le réseau d'assainissement (de 60 à 80 % de rétention selon différentes études) ; elle constitue une bonne isolation thermi-

à retenir

On peut récupérer l'eau d'une toiture-terrasse pour l'alimentation du jardin, ou des toilettes, mais pas pour le lave-linge, car l'eau n'est jamais complètement claire à cause de la terre. Ou alors il faut la filtrer en conséquence.

Le solivage de la toiture terrasse est fait de poutres de 80 x 200 mm, des planchettes de bois sont clouées entre chaque solive pour rigidifier l'ensemble. La muraillère (à gauche sur la photo) reçoit les solives côté maison et donne l'inclinaison de la toiture-terrasse.

que pour les pièces qui se trouvent en dessous, notamment l'été car la terre stocke le rayonnement solaire.

Une toiture terrasse végétalisée peut se faire indifféremment sur une dalle béton ou une dalle bois. La surface de la toiture du garage représente un rectangle de 3,5 m par 8 m de long. Les solives ont été dimensionnées pour supporter à la fois la charge de la structure, celle du substrat (60 kg au m² dans mon cas), et celle, ponctuelle, de la neige (65 kg au m² chez nous, à 755 m d'altitude). La toiture n'est pas faite pour être piétonne, hormis quelques passages annuels pour entretenir les plantations. Les solives qui la composent sont des sections de 8 cm par 20 cm, pour des portées de 3,5 m. Elles reposent d'un côté sur le mur est du garage, de l'autre sur une muraillère* clouée et vissée contre le pignon est de la maison. Pour donner l'inclinaison nécessaire à l'évacuation des eaux pluviales (2 % de pente), nous avons taillé des sif-

Le platelage est réalisé avec des dalles Livingboard de 18 mm. Il recevra une 1re couche d'étanchéité en goudron.

flets* cloués perpendiculairement au solivage. La muraillère a également été posée avec de la pente. Puis nous avons cloué les panneaux de Livingboard bouvetés* de 18 mm sur les solives, en ménageant un jeu entre chaque jonction de panneau, pour permettre à ceux-ci de se dilater. Un joint de colle polyuréthane est appliqué entre chaque jonction de panneau. C'est sur cette dalle bois que l'étancheur a réalisé l'étanchéité avec plusieurs couches de bitume. Des acrotères, petits murets périphériques de 20 cm qui ceinturent la terrasse, permettent d'assurer les remontées d'étanchéité. Après avoir longtemps tergiversé sur la possibilité ou non de le faire moi-même, ne trouvant pas d'alternative plus facile à mettre en œuvre que les couches de bitume, j'ai laissé le

Structure de la toiture-terrasse végétalisée.

❶ Maçonnerie (non dessinée)
❷ Ossature 47 x 143 mm
❸ Solives 80 x 200 mm
❹ Pièce de bois coupée en sifflet
❺ Platelage en Livingboard 18 mm
❻ Étanchéité bitumineuse
❼ Plaques de drainage en polystyrène
❽ Feutre géotextile pour empêcher la terre de passer sous les plaques de drainage
❾ Substrat de 5 à 7 cm
❿ Sédums
⓫ Acrotère (muret périphérique en bois de 20 cm de haut)
⓬ Évacuation de l'eau

éclairage

Pas de sedums sous une ombre continue

« On retrouve naturellement les sedums dans des milieux très différents : en bord de mer, en montagne... Ce sont des plantes de rocailles, de milieux très drainants. Nous travaillons plutôt avec des sedums tapissants, à port bas, pour résister au vent. Chaque cas est particulier et demande une étude de projet personnalisée, en fonction de la zone climatique, de l'exposition de la toiture, des conditions de lumière. Ainsi il n'est pas possible de mettre en place des sedums sur une toiture baignée par une ombre continue. On peut associer les sedums avec des graminées, mais elles peuvent se révéler envahissantes à long terme. Travailler avec des tapis précultivés, qui occupent tout l'espace rapidement permet de limiter au maximum la concurrence des plantes indésirables. Une toiture végétalisée extensive à base de sedums nécessite un entretien deux fois par an, qui consistera principalement à enlever les mauvaises herbes qui peuvent toujours s'installer ».

Emmanuel Sterlin, ingénieur développement
Le Prieuré Végétal I.D. (toitures végétalisées)

soin de le faire à une entreprise qualifiée, malgré un coût relativement élevé (3 500 €). Il existe d'autres options techniques, notamment des membranes EPDM (les membranes EPDM sont composées de matériaux chimiquement inertes et très utilisées en Hollande comme matériau écologique de couverture des toitures-terrasses), mais je n'ai pas réussi à trouver la documentation nécessaire sur la mise en œuvre de ces produits[1].

Deux sorties sont prévues pour l'écoulement des eaux, l'une au niveau bas de la toiture terrasse, l'autre surélevée, faisant office de trop-plein en cas de fortes pluies. Je me chargerai probablement de la végétalisation à partir du **printemps 2007**, en déversant moi-même la terre sur la toiture, et en y repiquant les plantes adéquates. J'ai choisi d'y mettre des sedums, plantes frugales de montagne qui poussent déjà sur le terrain dans les anfractuosités du mur de l'ancien bassin. Peu exigeantes en eau (elles peuvent survivre sans apport d'eau pendant près d'un mois), ces plantes très spécialisées poussent dans un substrat relativement faible (moins de 5 cm), ce qui permet de réaliser des toitures végétalisées

1. La membrane est diffusée en France, mais uniquement auprès des professionnels, étancheurs notamment.

assez légères. Pour une végétation plus dense (gazon, plantations arbustives, vivaces et ligneuses de tailles basses et moyennes), nécessitant des sols plus profonds donc plus de terre, il faut dimensionner la toiture en conséquence car la charge est beaucoup plus importante (de l'ordre de plusieurs centaines de kilos au m²). Des profondeurs de 8 à 10 cm de substrat permettent de planter des graminées ou des plantes herbacées. Les plantations peuvent se faire de différentes manières, par semis ou bouturage, en minimottes, ou encore en posant des plaques précultivées, ce qui coûte plus cher (entre 60 et 80 € le m² fourni et posé), mais assure un effet immédiat. N'étant pas dans l'urgence, j'ai choisi de fonctionner de manière empirique, en réalisant moi-même le mélange à partir d'une terre assez drainante mélangée à un peu de compost (pas plus de 10 % de matière organique dans le mélange), dans laquelle je repique des boutures récupérées ici et là. Les quelques essais que j'ai faits avec les sedums du terrain sont pour l'instant concluants.

➲ Sedums de montagne.

600
1200
375

Le montage de l'ossature

Lisses très basses, refend et solivage

Le montage des murs

Le plancher cloué

Le contreventement d'une ossature bois

La toiture, technique des chevrons porteurs

Menuiseries et vitrages

De l'usage du frein-vapeur

1 Lisses très basses, refend et solivage

Jeudi 29 juin 2006. Nous sortons définitivement les mains du ciment, en tout cas provisoirement, pour les plonger enfin dans le bois. Il me tardait de défaire les piles de bois pour voir comment celui-ci avait travaillé. D'abord, il a très bien séché en l'espace de trois mois, le poids des différentes pièces a beaucoup diminué. En revanche, il y a pas mal de retrait, quelles que soient les pièces. Les 50 x 150 mm font plutôt 48 x 149 mm, d'autres sont restées à 150, d'autres ont gauchi*, mais de manière générale les débits sont plutôt jolis. Comme nous avons accès à des machines dans un atelier, chez les amis charpentiers, Stéphane et Sylvain Locatelli, nous allons dégauchir* et raboter tous les bois. Les cotes finies des montants d'ossature feront donc 47 mm par 143 mm. Les murs seront moins épais (7 mm de moins que prévu), on mettra donc un peu moins d'isolant. C'était le risque à prendre en travaillant avec des bois non usinés. Dès aujourd'hui nous avons commencé avec

La lisse très basse est ancrée avec des goujons sur l'arasée.

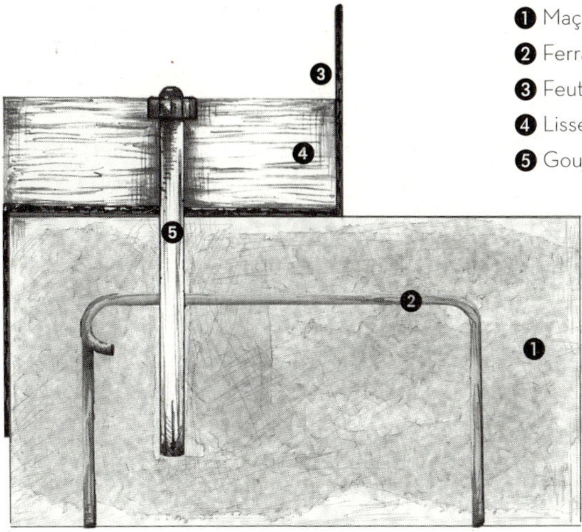

❶ Maçonnerie/arasée
❷ Ferraillage
❸ Feutre bitumineux largeur 150 ou 200 mm
❹ Lisse très basse
❺ Goujon d'ancrage ø 8 x 120 mm

Détail de l'ancrage de la lisse très basse.

John à charrier les bois à l'atelier, qui se trouve à 500 mètres du terrain, pour les raboter. Je vais finir par connaître chaque pièce de bois par cœur. Le Douglas a gardé sa belle teinte saumonée. Pour les lisses très basses*, nous choisissons les montants comportant le moins d'aubier, partie du bois la plus sensible aux insectes quand elle est soumise à l'humidité, ce qui logiquement ne doit pas arriver lorsque les lisses sont mises en œuvre correctement. Il faut obligatoirement du bois classe 3. C'est donc soit du mélèze ou du Douglas sans aubier, du robinier faux acacia, du chêne, ou du bois traité. Cela nous oblige à un certain tri pour trouver les plus belles pièces, mais c'est tout l'intérêt du bois : chaque pièce est différente. Un parpaing ressemble désespérément à un autre parpaing !

Lundi 3 juillet. Nous clouons sur les parties inférieures des solives du plancher des tasseaux de 27 x 27 mm, sur lesquels seront fixés des fonds de 10 mm d'épaisseur. La ouate de cellulose sera soufflée dans ces caissons (voir dessin page 55).

Mardi 4 juillet. Nous avons posé des bandes d'étanchéité en bitume, entre la maçonnerie et les lisses très basses, ainsi que des goujons de 8 mm x 120 mm tous les 50 cm pour ancrer les lisses dans l'arasée*. Les fixations avec des goujons (on peut aussi sceller des tiges filetées dans l'arasée mais cela exige beaucoup de précision) permettent à la maison

La poutre de refend se trouve dans le vide sanitaire, et supporte les solives en leur milieu.

Détail du refend

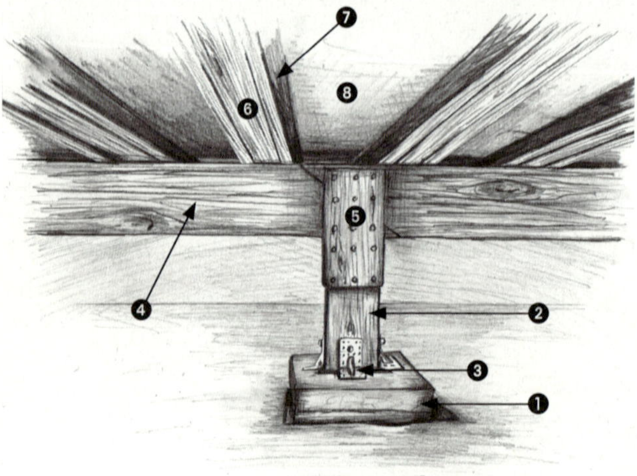

1. Socle maçonné
2. Poteau de 20 x 20 cm
3. Équerres
4. Poutres de refend de 16,5 x 27 cm liaisonnés en sifflet
5. Planche de contreplaqué
6. Solives de 60 x 220 mm
7. Tasseaux de 27 x 27 mm
8. Fonds en Livingboard 10 mm

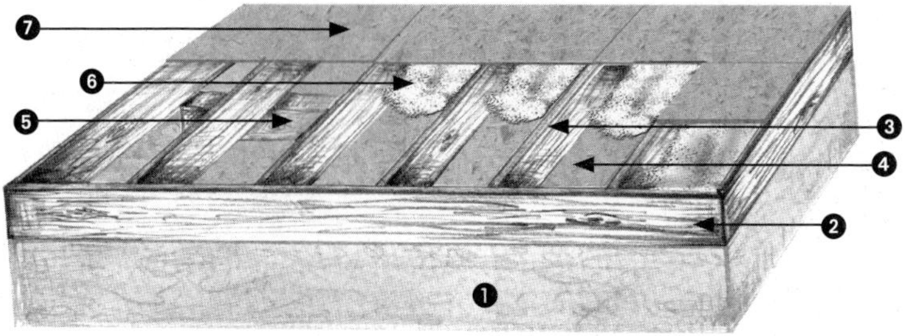

1 Maçonnerie
2 Bois de rive 40 x 220 mm
3 Solives 60 x 220 mm
4 Fonds en Livingboard 10 mm
5 Refend
6 Ouate de cellulose
7 Panneaux de Livingboard 18 mm

de résister à l'arrachement. On positionne les lisses basses en les alignant au cordeau, puis on perce à travers le bois et le béton, et on enfonce les goujons. Quant aux bandes d'étanchéité en bitume de 15 cm de large, elles permettent d'éviter les remontées d'humidité dans les lisses très basses, qui constituent le support du reste de l'ossature. La pose des lisses doit être soignée, la planéité parfaite ou presque, les coupes d'équerre. Ça n'a pas été trop compliqué car d'un bout à l'autre de la maison il y avait un écart d'un millimètre sur la hauteur des murs maçonnés. Les tolérances admises sont d'un mm par mètre linéaire...

Mercredi 5 juillet. Nous sommes allés chercher dans une scierie voisine deux pièces de bois pour le refend*, de 4,5 m de long, 16,5 cm de largeur par 27 cm de hauteur. Ma vieille ZX break n'était pas fière, mais elle a tenu bon. Le refend, en Douglas également, est une poutre porteuse qui traverse le vide sanitaire dans sa longueur (12 m) et permet de diminuer la portée des solives. Il permet également d'assurer la stabilité du plancher en bois. Plutôt que de le faire en parpaings, j'ai préféré acheter les poutres en bois qui manquaient. Nous l'avons mis en place ce matin avec Sylvain, le charpentier qui nous accompagne pour le montage de l'ossature. Ça nous a pris beaucoup moins de temps que si nous avions dû le faire en béton. Quatre poteaux en bois supportent le refend sur les 12 m de long. Ils sont posés sur des socles maçonnés, avec une petite bande de bitume entre le bois et le béton

❶ Maçonnerie
❷ Feutre bitumineux
❸ Lisse très basse 47 x 143 mm
❹ Bois de rive 40 x 220 mm
❺ Solive 60 x 220 mm
❻ Platelage Livingboard 18 mm
❼ Lisse basse mur
❽ Montant d'ossature 47 x 143 mm
❾ Panneau en fibre de bois Agepan DWD 16 mm

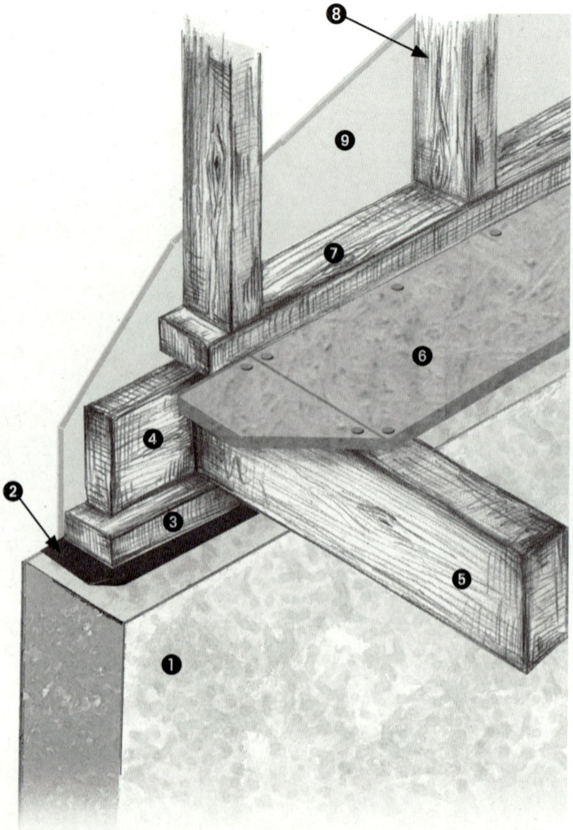

➲ Liaison entre le plancher bois, les murs et la maçonnerie.

pour éviter le pourrissement du pied du poteau, s'il devait prendre l'eau, ce qui *a priori* ne devrait pas arriver dans le vide sanitaire. Dans le cas de maisons sur pilotis exposés aux intempéries, il faut prévoir une platine, c'est-à-dire une pièce métallique qui évite tout contact du bois avec la maçonnerie. Nous avons ensuite posé toutes les solives (6 x 22 x 600 cm), en respectant des entraxes* de 48 cm. En fin d'après-midi le solivage* était posé.

Jeudi 6 juillet. Une fois le solivage posé, il faut le « ceinturer » avec des bois de rive*, qui font le tour de la maison et viennent se clouer sur les extrémités des solives. Les planches sont moins épaisses que les solives (40 mm), mais font évidemment la même hauteur. Un joint de colle est effectué entre la lisse très basse, et les bois de rive, pour parfaire l'étanchéité. Pas facile de clouer du Douglas, car le duramen*, ou cœur du bois, est extrêmement dur. Du coup les pointes se tordent assez facilement lorsqu'elles suivent une veine du bois. De la même manière que nous avons choisi pour le refend et les lisses très basses du bois purgé d'aubier, nous l'avons fait pour les bois de rive. Ce soir le solivage est définitivement en place, nous allons pouvoir attaquer la construction des murs, entre deux orages.

Mardi 11 juillet. Pas mal d'amis sur le chantier, du coup nous avons commencé à monter les murs du garage, pour se faire la main. Pas de chance, le linteau de la porte d'entrée du garage n'a pas été scié, il ne figurait pas dans la liste des débits. Nous l'avons construit sur le champ en assemblant trois pièces de bois, clouées les unes contre les autres. Les panneaux DWD Agepan (120 cm x 280 cm x 1,6 cm d'épaisseur), qui devaient être livrés hier, ne sont toujours pas arrivés sur le chantier, ce qui risque de nous ralentir dans la construction puisque ce panneau, qui sert à contreventer* les murs, doit être cloué sur ceux-ci lorsqu'ils sont assemblés au sol, avant d'être levés. Le contreventement d'une maison à ossature bois est primordial, puisque c'est lui qui assure la résistance des murs aux efforts du vent. Les panneaux Agepan rigidifient la trame, et assurent en outre une fonction de pare-pluie. Ils ont par ailleurs l'avantage d'être perméables à la vapeur d'eau (voir Chapitre 4, Partie II).

à éviter

Pour des raisons bassement matérielles (économiser des panneaux), je n'ai pas réalisé les joints des dalles de Livingboard systématiquement sur les solives. J'ai certes rajouté des entretoises là où le joint tombait à mi-chemin entre deux solives, et *a priori* le platelage a l'air tout à fait rigide. Mais le contreventement de la dalle n'est pas aussi bon qu'il pourrait l'être.

2 Le montage des murs

13 juillet. Montage des premiers murs de l'habitation. Comme les panneaux d'Agepan n'ont toujours pas été livrés (un grand classique en cette période estivale), nous avons décidé de ne pas les attendre en regardant arriver les orages d'été. Nous assemblons les murs au sol, sur des panneaux de bois qui nous servent provisoirement de plan de travail, vissés à même le solivage. John se charge de couper les montants d'ossature, les lisses hautes et les lisses basses à la bonne cote, tandis que nous clouons avec Sylvain. Le

Montage des murs au sol sur un plancher provisoire.

Murs dressés.

cloueur pneumatique est fort utile et fait gagner un temps précieux. Ce qui ne nous empêche pas d'enfoncer parfois quelques pointes au marteau. En une journée le mur nord, qui fait 12 m de long par 2,90 de haut, est monté. La difficulté tient au fait que les plans d'exécution ont été réalisés avec des montants de 5 x 15 cm alors que nous avons raboté les

éclairage

Réglage des murs au cordeau

« Nous travaillons presque toujours au cordeau pour l'alignement des murs, ou des chevrons. La difficulté, lorsqu'on travaille sur site, en montant les murs au fur et à mesure, est qu'il faut aligner les montants un par un, les faire rentrer ou sortir. Ça demande de la rigueur et un peu plus de temps que si les murs étaient pré-assemblés. Les murs sont donc dans un premier temps cloués sur le plancher aux extrémités, puis réglés et cloués au fur et à mesure. On les fait bouger au marteau, parfois à la masse, avec des serre-joints, parfois des sangles à cliquet. Pour l'aplomb on travaille au niveau ou au fil à plomb, en s'aidant des écharpes pour pousser ou tirer les murs ».

Sylvain Locatelli, charpentier

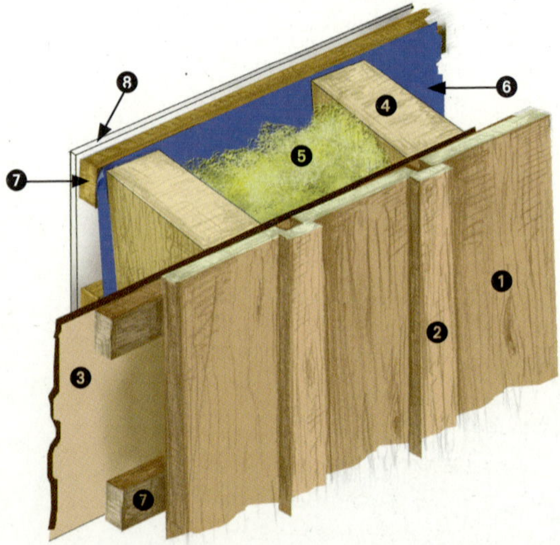

1 Lames de bardage 27x150 mm
2 Couvre-joint 27 x 60 mm
3 Panneau de contreventement Agepan 16 mm
4 Montant d'ossature 47x143 mm
5 Remplissage ouate de cellulose 143 mm
6 Frein-vapeur
7 Tasseaux 27x40 mm
8 Parement intérieur Fermacell 12,5 mm

Structure du mur en coupe.

bois à 4,7 cm x 14,3 cm. Il faut donc faire quelques modifications et ne pas faire d'erreur au moment de tracer les emplacements des montants entre lisse basse et lisse haute. C'est assez simple et très plaisant de monter les murs, mais leur traçage demande de la concentration. On positionne les lisses basses et hautes l'une sur l'autre, puis on trace l'emplacement des montants verticaux sur les lisses, ensuite on assemble le tout à plat sur le sol, puis on redresse la trame ainsi formée. Nous fixons entre les montants d'ossature des entretoises*, qui nous permettront de clouer la jonction des panneaux de contreventement et rigidifient les murs en empêchant le flambement* des montants.

Lundi 17 juillet. Journée spéciale, puisque l'émission « C'est pas sorcier » est venue tourner sur le chantier aujourd'hui. Ce qui ne nous a pas empêchés d'avancer : tous les murs du rez-de-chaussée sont montés ce soir. Nous avons terminé par le mur du pignon ouest, côté garage, de 5,64 m de long, que nous avons fait glisser sur le solivage pour le positionner au bon endroit. Puis nous avons réglé l'aplomb des murs en les tirant avec des sangles à cliquet. Les murs sont ensuite solidarisés entre eux avec des clous de 90 mm, et cloués sur la lisse très basse. Il est également possible de boulonner les murs entre eux, ce que beaucoup de professionnels ne font pas car ils jugent cela superflu. Quant aux murs constituant les angles de la maison, ils sont cloués les uns aux autres en positionnant un montant d'ossature qui reçoit le mur voisin. Les volumes de la maison sont enfin évidents, les ouvertures des fenêtres sont en place, on commence à se sentir chez soi.

Mardi 18 juillet. Une fois les murs du rez-de-chaussée en place, il faut les ceinturer par une lisse très haute* qui vient couvrir tous les murs pour assurer leur rigidité. On règle à ce moment-là l'aplomb des murs au niveau ou au fil à plomb, en s'aidant d'écharpes* clouées perpendiculairement aux murs du rez-de-chaussée, et d'un cordeau aligné à l'extérieur du mur, à fleur des montants. On essaie d'aligner parfaitement tous les murs qui constituent une façade. Une étape importante qu'il ne faut pas bâcler, sinon la suite du chantier, et notamment les parements intérieurs, peuvent devenir une vraie galère.

Contreventement provisoire avec les écharpes

L'après-midi, nouvelle « corvée » de bois : le scieur de Lus-la-Croix-Haute, Philippe Paron, a livré le reste du bois qui servira au plancher cloué, environ 13 m^3 de sapin qu'il a fallu stocker (liteler et bâcher) sur le terrain. Mais tout est enfin là, hormis trois pièces de lamellé-collé qui devraient arriver dans le courant de la semaine. Le sapin n'a séché que deux mois et demi, ce qui me semble un peu juste. J'espère qu'il n'y aura pas trop de retrait une fois mis en place.

Détail de la jonction de deux murs perpendiculaires.

❶ Lisse basse 47 x 143 mm

❷ Montant d'ossature 47 x 143 mm

❸ Lisse haute 47 x 143 mm

❹ Lisse très haute 47 x 143 mm

à retenir

Les lisses très hautes doivent se croiser sur les murs perpendiculaires les uns aux autres, et les liaisons entre elles ne doivent pas se faire au-dessus de la jonction de deux murs du rez-de-chaussée.

3 Le plancher cloué

Mercredi 17 juillet. Nous avons attaqué le plancher cloué, un gros morceau qui nous a donné du fil à retordre dès le départ, parce que j'ai fait une petite erreur lors de l'implantation de la maison, notamment sur les cotes de la trémie*, un peu plus grande que celle prévue dans les plans. Du coup il faut modifier les coupes, improviser. Le plancher cloué est une technique assez simple, où il suffit de clouer sur chant* différentes planches de même section, les

Le plancher cloué engloutit eviron 12 m³ de bois (sapin et Douglas).

Coupe du plancher cloué.

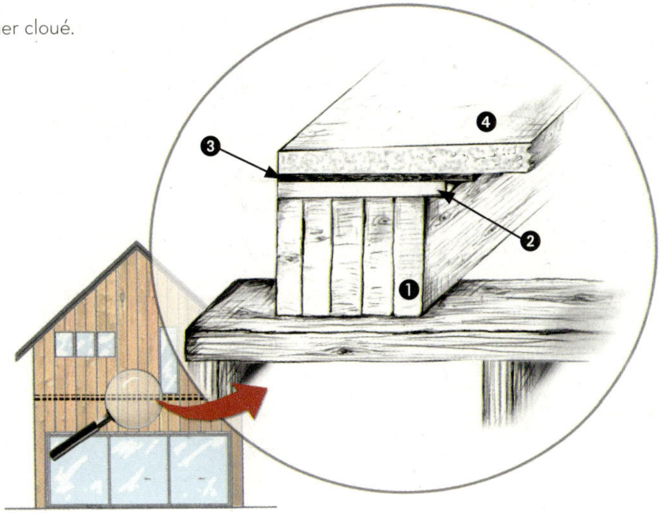

❶ Plancher cloué 40 x 190 mm

❷ Dalles Livingboard 10 mm pour réagréage

❸ Isolant phonique 7 mm

❹ Platelage Livingboard 18 mm, prêt à recevoir le revêtement final (parquet, jonc de mer, etc.)

unes contre les autres, face contre face, de manière à former un plancher massif. Outre l'aspect esthétique, ce type de plancher présente nombre d'intérêts. Il apporte une bonne isolation phonique entre le rez-de-chaussée et l'étage, de par son épaisseur importante. Il autorise de grandes portées, puisqu'il est autoporteur, comme une dalle béton. Il apporte davantage d'inertie qu'un solivage classique, sauf si celui-ci est complété par une isolation lourde en surface. Il permet de valoriser des bois de scierie de qualité moyenne, présentant des nœuds, ou d'autres défauts d'aspect. Il peut être préférable de chanfreiner* (casser) les arêtes, pour des questions esthétiques, ce qui me semblait superflu. La technique de planches clouées peut se décliner de différentes façons, en décalant les planches les unes par rapport aux autres pour obtenir un effet visuel différent et réaliser ainsi un système de piège à sons, et éventuellement faire circuler des gaines dans ces espaces (voir dessin page 69). Mais nous les avons simplement clouées les unes contre les autres, sans décalage. Associé à une chape béton de 5 cm (on parle alors de plancher collaborant bois-

On utilise souvent des pointes de 160 mm pour contraindre les planches.

béton), le tout revêtu d'un parquet flottant, le plancher cloué présente alors de très bonnes caractéristiques d'isolation acoustique et une excellente résistance au feu. Peu pratiquée en France, cette technique est depuis longtemps utilisée dans des bâtiments publics en Suisse par exemple. En ce qui nous concerne, le plancher cloué sera à l'étage revêtu d'un simple platelage* en panneaux de bois.

à retenir

Quelques règles pour le plancher cloué

Pour réaliser un plancher cloué, il faut respecter un certain nombre de règles. L'épaisseur des bois doit être de 30 mm minimum, la hauteur des solives calculée en fonction des charges à reprendre (19 cm chez moi pour une portée maximale de 5,5 m), les clous doivent mesurer au moins 2,5 fois l'épaisseur des planches, et doivent être pointés en quinconce tous les 30 cm alternativement en bas et en haut de chaque planche. Enfin le bois doit respecter un certain taux d'humidité, entre 14 et 17 %. S'il est trop sec, la moindre reprise d'humidité liée aux intempéries, ou au coulage d'une dalle béton en rez-de-chaussée par exemple, fera gonfler le bois qui peut pousser les murs de quelques cm. S'il est trop humide, le retrait, inévitable, fera apparaître des fentes entre les planches au fil du temps.

La difficulté de notre entreprise tient essentiellement au fait que nous travaillons avec des bois bruts de scierie. Les planches n'ont pas toutes la même épaisseur ni la même hauteur, et il faut constamment faire « biller » les pièces, c'est-à-dire les contraindre, avec de gros clous (160 mm), ou encore avec des serre-joints. Ça prend forcément plus de temps. Comme le plancher a tendance à prendre du ventre au fur et à mesure de notre avancée, il faut sans cesse vérifier l'alignement au cordeau, et le corriger. Nous nous en sortons pas mal, en prenant le temps de réfléchir, et en trouvant ensemble des solu-

Aspect fini du plancher cloué vu du dessous.

tions. Nous avons tout de même raboté la sous-face des solives, sur la tranche visible depuis le rez-de-chaussée. Ce matin nous avons posé le chevêtre* qui ferme le vide sur le rez-de-chaussée, un morceau de 4 m de long, de 40 cm de haut et 12 de large. Une belle pièce légèrement cintrée qui ne nous a pas facilité la tâche. Un certain nombre de charpentiers rodés aux techniques du plancher cloué préfabriquent en atelier plusieurs parties qu'ils assemblent ensuite sur place. Le gain de temps obtenu évite d'exposer le plancher à des risques de réhumidification. Nous ne l'avons pas fait pour des questions d'accès difficile au chantier, qui ne permettait pas la pose de ces éléments préfabriqués.

Une fois le plancher cloué terminé, nous avons nettoyé proprement la surface, pour éviter que de la poussière filtre des semaines durant entre les planches vers le rez-de-chaussée. Le plancher cloué n'étant pas homogène du tout (pour cause de planches de différentes hauteurs), nous décidons de poser des panneaux de Livingboard en 10 mm pour ragréage. John me propose de prendre ce qu'il me manquera dans son stock (nous avons fait une commande commune, lui pour la construction de son ossature bois dans quelques mois). C'est très sympa de sa part et j'accepte volontiers la proposition. Non seulement les panneaux, hydrofuges, protégeront temporairement le plancher des intempéries, mais nous serons beaucoup plus à l'aise pour monter les murs de l'étage et travailler sur la charpente. Sous les panneaux de Livingboard,

éclairage

Le pré-assemblage est idéal

« L'idéal est de pouvoir pré-assembler en atelier des modules de plancher cloué de 60 cm de large, que l'on assemble entre eux avec un système de rainures et languettes trapézoïdales. Mais cela suppose un engin de levage sur le chantier et un bon accès. Les modules sont pré-assemblés en positionnant les bois debout dans un gabarit, avec un système d'équerres, pour pouvoir les clouer correctement entre eux. Puis on les numérote. Si on travaille directement sur le chantier, il faut toujours veiller, toutes les deux planches environ, au bon alignement du plancher cloué en s'aidant d'une règle et d'un cordeau, et rectifier le tir si nécessaire en serrant plus ou moins les planches les unes contre les autres avec des vis ou des plus grosses pointes ».

Laurent Oyarzabal, charpentier

Différentes structures de planchers cloués.

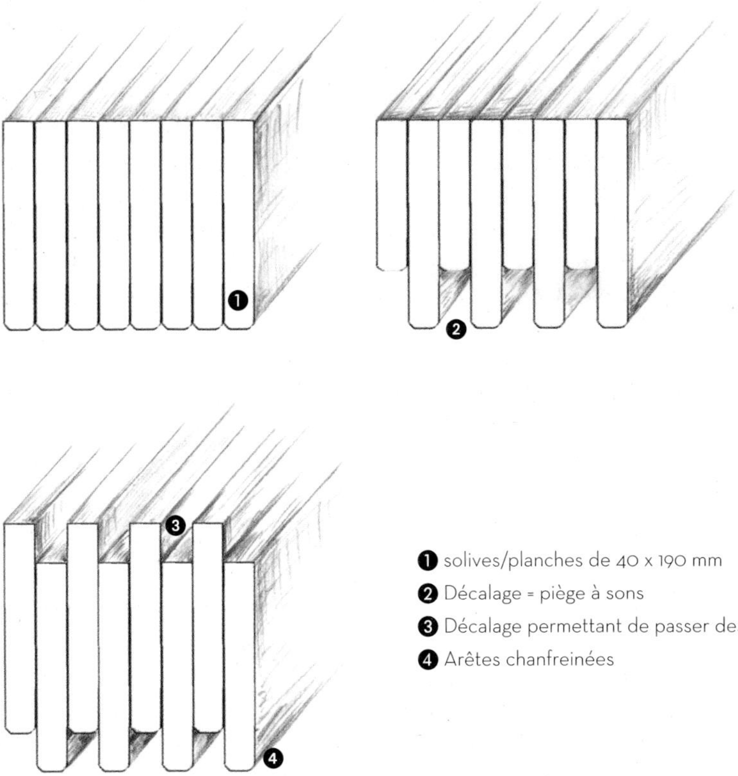

❶ solives/planches de 40 x 190 mm
❷ Décalage = piège à sons
❸ Décalage permettant de passer des gaines
❹ Arêtes chanfreinées

nous avons posé un isolant phonique de 7 mm. Ce n'est pas complètement satisfaisant, et je crains qu'il faille poser des dalles plus conséquentes, comme celles du rez-de-chaussée (18 mm), pour obtenir des surfaces parfaitement planes à l'étage. Petit dépassement de budget, mais amélioration du confort acoustique entre les deux étages, et résultat plus satisfaisant au final. Si c'était à refaire, j'utiliserais pour le plancher cloué des planches rabotées quatre faces, pour avoir une surface à l'étage plus plane. Et je poserais un isolant phonique plus conséquent (entre 20 et 40 mm), avant le platelage (dalle Livingboard) et le parement final (parquet, jonc de mer, etc.).

4 Le contreventement d'une ossature bois

19 juillet. Les panneaux de fibres de bois d'Agepan DWD ont enfin été livrés, avec près de deux semaines de retard (voir tableau en annexe page 163). Les panneaux de contreventement (1,2 m par 2,8 m pour 16 mm d'épaisseur) sont cloués (ou agrafés) parallèlement aux montants de l'ossature, à l'extérieur, avec des pointes galva de 50 cm minimum, tous les 15 cm au niveau des coutures (jonction de deux panneaux), tous les 30 cm sur les montants intermédiaires. L'espacement des montants d'ossature ne peut pas être supérieur à 60 cm, et la

Pose des panneaux de contreventement.

Contreventement avec des panneaux en fibre de bois de 16 mm.

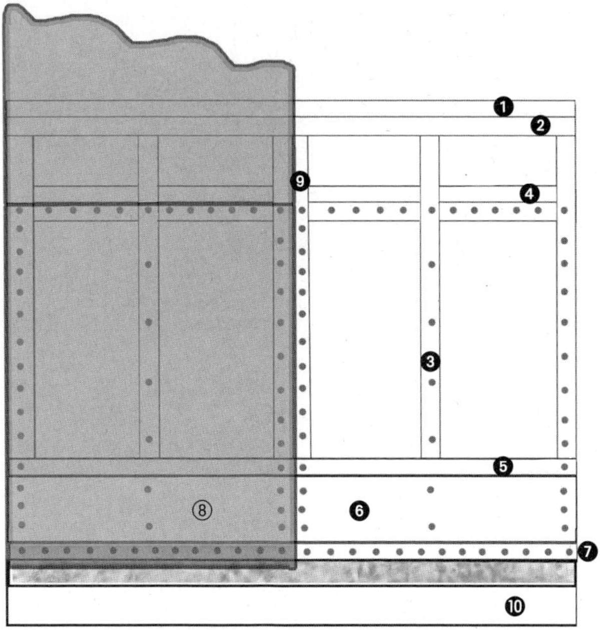

1. Lisse très haute 47 x 143 mm
2. Lisse haute 47 x 143 mm
3. Montant d'ossature 47 x 143 mm
4. Entretoise clouée entre montants d'ossature
5. Lisse basse
6. Bois de rive
7. Lisse très basse
8. Panneau de contreventement Agepan DWD 16 mm cloué sur les montants et sur les entretoises
9. Joint de colle polyuréthane de 2 à 4 mm entre les panneaux pour réaliser l'étanchéité à l'air
10. Maçonnerie

largeur des montants doit être supérieure à 38 mm (47 mm en ce qui nous concerne). Un joint de 2 à 4 mm est réalisé entre chaque jonction de panneaux. Plutôt que des cales en bois, qui finissent par tomber, nous préférons enfoncer un clou de 4 mm x 100 mm pour ménager cet espace. Pendant que John et Sylvain positionnent le panneau, je le visse à chaque angle, puis nous le clouons. Le joint est assuré par de la colle polyuréthane. La mise en œuvre des panneaux ne souffre pas l'approximation, et il faut notamment veiller à ce que l'extrémité supérieure soit en appui sur un montant en bois, d'où la nécessité de placer des entretoises entre les montants d'ossature, pour y clouer la partie haute de l'Agepan. Cette sorte d'enveloppe fixée sur l'ossature a pour fonction d'assurer la stabilité de l'ensemble et sa résistance aux vents. Les panneaux permettent par ailleurs de réaliser l'étanchéité à l'air et à l'eau, puisqu'ils sont pare-pluie (l'Agepan contient de la paraffine). En construction bois plus conventionnelle, ce sont des panneaux d'OSB* de 9 mm qui sont utilisés, sur lesquels on vient coller/agrafer une membrane pare-pluie. L'avantage des panneaux d'Agepan est qu'ils sont perméants à la vapeur d'eau, et permettent donc à la maison d'évacuer celle-ci. Le produit est très agréable à manipuler, pas trop lourd (30 kg par plaque), fabriqué à base de résineux encollés au polyuréthane exempt de formol, de bel aspect, et d'odeur agréable rappelant un peu celle du liège.

Finalement nous ne regrettons pas d'avoir choisi de monter les murs sans les panneaux. D'abord ils auraient été plus lourds à dresser, et la pose des panneaux après coup se révèle assez simple. Une bonne demi-journée aura suffi à trois pour faire le tour du rez-de-chaussée (36 mètres linéaires). Il faut encore, ensuite, remplir le joint de dilatation entre les panneaux avec de la colle polyuréthane pour parfaire l'étanchéité à l'air. Ça se fait assez bien au final, malgré le fait que le produit n'est pas très agréable. À défaut il est possible de clouer un tasseau sur ce joint. Mais je doute que l'étanchéité à l'air soit aussi bonne qu'avec cette colle. Autre solution : des bandes adhésives pour faire la jonction entre les panneaux.

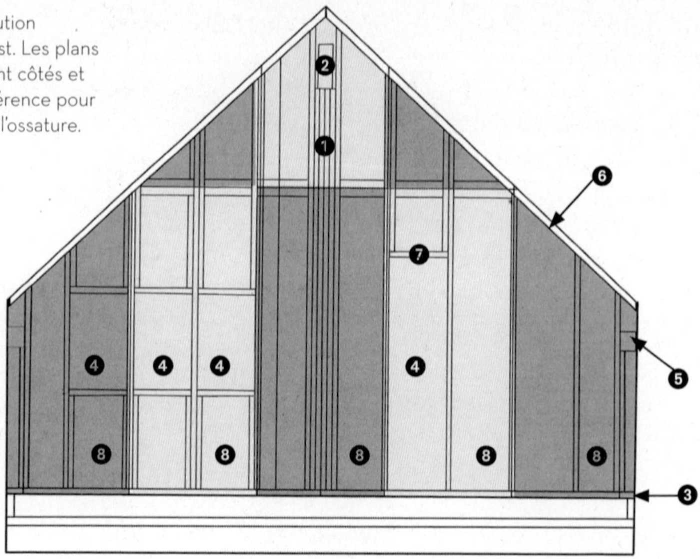

➲ Plan d'exécution du pignon ouest. Les plans d'exécution sont côtés et servent de référence pour le montage de l'ossature.

❶ Assemblage de plusieurs montants pour former une poutre supportant la faîtière

❷ Faîtière 140 x 400 mm

❸ Lisse basse

❹ Fenêtres

❺ Sablière

❻ Lisse haute

❼ Linteau fenêtre

❽ Panneau de contreventement (indiqués en gris clair et gris foncé)

Pose du linteau en lamellé-collé. à l'aide d'un tire-fort

Dans une maison ossature bois, il faut également contreventer les planchers, ce que nous avons fait pour le solivage du rez-de-chaussée. Les panneaux choisis sont écologiques, du Livingboard, en dalles de 62 cm par 2,50 m bouvetées. Ces panneaux font partie de la famille des OSB, des panneaux à lamelles de bois pressées et collées. Ils sont particulièrement résistants, et moins grossiers que les OSB classiques, car les lamelles sont plus fines. Les dalles sont vissées, ou clouées, perpendiculairement aux solives du rez-de-chaussée, en ménageant un joint de dilatation. L'étanchéité doit être réalisée entre chaque plaque. Ces dalles en bois recevront le parquet, cloué sur ces mêmes panneaux. Les joints doivent se faire sur les solives, et il n'est pas inutile de déposer un cordon de colle polyuréthane sur chaque solive, sous le panneau, pour éviter d'éventuels grincements du platelage, ce que je n'ai pas fait (lire encadré page 75).

Dans la foulée sont arrivés les lamellés-collés. Pas de chance, au lieu des deux poteaux de 20 x 20 cm de 2,5 m, j'ai eu droit à trois poteaux de 2 m. Trop courts ! J'étais assez furax contre l'entreprise à qui j'ai commandé ce lamellé, car nous devons trouver une solution et il est trop tard pour commander d'autres poteaux, d'autant plus que l'entreprise est fermée. Les différentes pièces de lamellé-collé encadrent la grande baie vitrée à l'ouest.

2 août. Le linteau, qui repose sur les poteaux, mesure six mètres de long, 66 cm de haut et 20 de large. Nous avons bidouillé

➲ Liaisonnement des poutres en lamellé-collé

❶ Linteau lamellé-collé 20 x 66 cm
❷ Poteau massif 20 x 20 cm
❸ Platine métallique fixée avec boulons et tire-fonds
❹ Baie vitrée de 5,40 m

un ancrage en plaçant deux solives de Douglas en appui sur le plancher cloué et le marronnier. À l'aide d'un tire-fort* nous avons fait monter le linteau jusqu'à son emplacement final, sur deux poteaux en sapin sec que Sylvain a dénichés à l'atelier, ça a pris un petit moment, il n'était pas question de se prendre la poutre sur le coin du nez. Puis nous avons posé des platines en acier de 60 cm de haut, 19 cm de large, qui assurent la liaison entre les poteaux et le linteau. Elles sont boulonnées et tirefonnées* pour contreventer ce rez-de-chaussée de pignon entièrement vitré. J'ai été obligé d'opter pour du lamellé-collé à cause de la grande portée du linteau qui reprend la charge au-dessus de la baie vitrée (5,50 m). Il était impossible de « passer » avec du bois massif. De grandes ouvertures compliquent assez vite la tâche, et les calculs et le choix des pièces de bois ne peuvent pas se faire à la légère.

Lundi 7 août. Nous poursuivons par la construction des murs de l'étage, une fois le plancher cloué terminé et le lamellé-collé en place. Bon rendement aujourd'hui, John à la découpe, Sylvain et moi au montage : les pignons sont en place, ainsi que le mur sud. Le montage des pignons s'est fait en deux temps, deux murs par pignon assemblés ensuite. C'est un peu plus long à fabriquer à cause des coupes d'angles. Le pignon ouest est carrément collé au vieux marronnier, j'ai bien conscience que feuilles et marrons tomberont directement sur la toiture cet automne, mais je n'ai pu me résoudre à l'abattre. Nous pourrons nous laver les dents ou prendre une douche en regardant les mésanges s'accrocher aux branches, puisque les fenêtres de la salle de bain donnent dessus.

Les chutes de bois s'amoncellent sur le terrain – elles finiront dans le poêle cet hiver – mais les tas de bois ont sérieusement diminué. Les volumes de la maison continuent à se dessiner, et je suis de plus en plus enthousiaste par le travail de Jean-Baptiste, l'architecte, qui a su optimiser au mieux l'espace.

Mardi 8 août. Les menuiseries ouvrantes en mélèze sont arrivées aujourd'hui. Je suis plutôt satisfait de la qualité, mais il manque un coulissant de la grande baie vitrée... Nous avons fini de contreventer l'ensemble de la maison, à l'exception du garage.

Jeudi 10 août. Les cloisons de l'étage sont presque toutes terminées, en montants de 47 x 95 mm. Les deux cloisons de l'étage, qui délimitent les trois chambres, sont porteuses et reprennent les appuis de la panne faîtière*. C'est pour cette raison qu'au milieu de la cloison six montants sont cloués les uns aux autres pour supporter les descentes de charge. Ces cloisons intermédiaires sont des répliques des pignons, il suffit juste de s'aligner sur ceux-ci au cordeau pour être sûr que la panne faîtière soit bien dans l'axe. Aujourd'hui Stéphane Locatelli a pris le relais de son frère Sylvain, et est venu avec une surprise dans sa sacoche, un Merlo, un engin de levage qui va nous être fort utile en toiture et accroître le confort de travail, qui n'était déjà pas si mal.

à retenir

Bois lamellé-collé plutôt que massif pour les baies vitrées

Le lamellé-collé est un ensemble de planches ou sections de bois collées entre elles pour réaliser de grandes pièces, subissant peu de déformations. D'où l'avantage du lamellé par rapport au bois massif lorsqu'il s'agit de reprendre des charges importantes et de réaliser de grandes portées, notamment au-dessus de baies vitrées. Car il suffit qu'une poutre en bois massif travaille de quelques millimètres pour que la baie vitrée ne puisse plus s'ouvrir. J'ai quelques exemples en tête d'ossatures en bois où les linteaux en bois massif ne faisaient pas l'affaire, du coup les baies ne coulissaient pas et les vitres étaient fissurées. Il faut compter entrer 550 € et 900 € HT du mètre cube de lamellé-collé. Surtout, il faut s'y prendre longtemps à l'avance ! Seul point noir : la colle utilisée n'est pas très écologique puisqu'il s'agit de colle mélamine à base d'urée-formol, susceptible de dégager du formaldéhyde.

5 La toiture, technique des chevrons porteurs

Mardi 14 août. Avant d'attaquer sérieusement la toiture et d'augmenter les charges sur le rez-de-chaussée, il faut placer quelques éléments porteurs au rez-de-chaussée. Sylvain et John ont posé un poteau en Douglas de 20 x 20 cm dans le salon, qui reprend la descente de charge* du faîtage, ainsi qu'une cloison porteuse également au rez-de-chaussée, qui assure les mêmes fonctions. Cette cloison délimite l'espace cuisine/salon du coin bureau. Elle permet également d'intégrer un immense placard de 3,6 m de long par 2,85 m de haut et 60 cm de profondeur. Une belle trouvaille de Jean-Baptiste, l'architecte, qui va nous épargner de nous creuser la tête pour trouver des espaces de rangement. Pendant ce temps-là nous avons avec Stéphane posé les sablières*, dernière étape avant d'attaquer le chevronnage.

Pose d'un poteau 20 x 20 cm dans le salon au rez-de-chaussée.

Mercredi 16 août. Rude journée, parce que la nuit fut mauvaise : pluie battante à 2 heures du matin, du coup j'ai dû me lever pour vérifier l'état des bâches, qui étaient loin d'être efficaces. Ce petit jeu

◐ Les pieds de chevron.

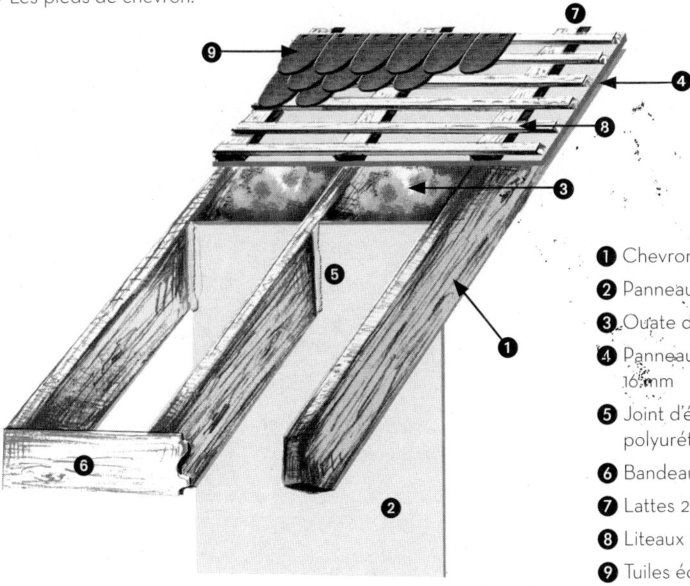

❶ Chevrons 60 x 230 mm
❷ Panneau d'Agepan 16 mm
❸ Ouate de cellulose
❹ Panneau d'Agepan de toiture 16 mm
❺ Joint d'étanchéité en colle polyuréthane
❻ Bandeau de toiture
❼ Lattes 27 x 40 mm
❽ Liteaux 27 x 27 mm
❾ Tuiles écailles

a duré une heure et demie, à vider les bâches, chasser l'eau du plancher cloué couvert du Livingboard, heureusement hydrofuge. Mais l'eau finissait toujours par trouver un chemin jusqu'au rez-de-chaussée. Bâcher, débâcher, je crois que c'est la partie la moins agréable du chantier.

Nous avons travaillé d'arrache-pied, d'abord pour poser les trois pièces de bois qui constituent au final la panne faîtière. Chaque poutre mesure 14 cm de large par 40 cm de haut pour 5 m de long.

Elle est posée d'une part sur les deux pignons, d'autre part sur les deux cloisons intermédiaires qui séparent les trois chambres de l'étage. Nous avons ensuite enchaîné avec les chevrons, et ce soir il n'en restait plus que huit à poser, sur la petite soixantaine. Avec la mise en place des chevrons, il a été plus facile de protéger la maison des intempéries. Les chevrons font 4,7 m de long, 6 cm de large et 23 de haut. Ce sont des chevrons porteurs, c'est-à-dire qu'il n'y a ni fermes* ni pannes* intermédiaires. Je souhaitais utiliser cette technique pour pouvoir insuffler un maximum de ouate de cellulose en toiture (23 cm), mais également pour bénéficier du plus d'espace possible sous le faîtage et y caser des mezzanines. Les chevrons,

Pose de la panne faîtière

en Douglas également, sont lardés* sur la sablière, vissés sur celles-ci avec des vis de 340 mm, et cloués entre eux au faîtage, face contre face. Nous ajouterons des enclu-seaux* pour les empêcher de vriller et les maintenir d'équerre sur les sablières. L'autre solution consistait à découper des pas dans la base des chevrons pour les poser sur les sablières. Mais comme ils sont cloués entre eux sur la faîtière, cela nous a semblé superflu. Nous aurions pu aussi bien utiliser d'autres techniques, telle qu'une toiture classique avec deux ou trois fermes. J'ai opté pour la solution technique qui me semblait la plus simple et la moins chère, d'autant plus que je ne cherchais pas particulièrement à avoir des fermes ou des chevrons apparents en sous-toiture. En outre, il me semble qu'une charpente traditionnelle (fermes et pannes) est plus compliquée à isoler conséquemment : il faut prévoir d'augmenter la hauteur des chevrons, qui font en général 6 par 8 cm, pour loger plus d'isolant, ou bien envisager d'isoler par l'extérieur, ou les deux.

Vendredi 18 août. Il nous a fallu une petite demi-journée pour latter et contre-latter le

Pose des chevrons.

pan sud de la toiture. Les liteaux* de Douglas que nous avions sciés avec Étienne se révèlent être trop noueux et se brisent facilement. Du coup Stéphane me dépanne de quelques bottes de contre-lattes* traitées chimiquement contre les insectes. Il est bien plus facile de mettre en œuvre des liteaux peu secs, ils se clouent plus facilement et avec le poids des tuiles, ils ne risquent pas de bouger. Nous avons également posé les bandeaux* de toiture en Douglas, sciés plein cœur pour avoir une meilleure résistance dans le temps. Du coup je ne les protégerai pas avec une lasure comme il est courant de le faire

Pose des panneaux Agepan 16 mm de sous-toiture, et litelage.

ici lorsqu'il s'agit d'essences moins résistantes, tels que le sapin et l'épicéa. Les bandeaux font environ 28 cm de large par 27 mm d'épaisseur. Nous avons eu un peu de mal à les aligner parce qu'ils n'étaient pas dégauchis. Leur alignement est déterminant pour la pose des tuiles, et pour obtenir une ligne de tuiles régulière, puisqu'ils viennent encadrer le toit, contre les panneaux d'Agepan de toiture. Au niveau de cette jonction, nous n'avons pas fait de joint de colle PU (polyuréthane). S'il pleut un jour sous les tuiles (tuile cassée par exemple), l'eau filtrera sous le bandeau et je serai assez vite averti qu'il y a une fuite dans la toiture. Les bandeaux servent aussi à fixer les chéneaux.

Autre petit détail, important, l'espace ouvert entre le haut des chevrons porteurs d'une part, et la sablière d'autre part, doit être fermé. Nous avons comblé les vides avec des chutes d'Agepan, clouées et mastiquées, afin de parfaire l'étanchéité de la maison. L'autre solution consistait, lorsque nous avons contreventé les murs de l'étage, à laisser dépasser les panneaux d'Agepan de la hauteur des chevrons porteurs, puis de pratiquer ensuite des découpes et d'y enchâsser les chevrons. L'étanchéité aurait été continue et sans doute meilleure.

Mardi 22 août. Nous avons commencé à couvrir dans la foulée, en commençant par les tuiles de rive. Les tuiles écailles que j'ai choisi de mettre, plutôt que des tuiles mécaniques, coûtent deux fois plus cher, car il en faut beaucoup plus au m^2 (60), et donc beaucoup plus de liteaux (tous les 10 cm environ). Mais c'est la tuile du pays, elle est beaucoup plus jolie, et le mariage avec le bardage devrait être réussi. Les tuiles écailles sont plus agréables à poser, car elles sont moins lourdes et moins encombrantes que les tuiles mécaniques, et il est plus aisé de les glisser les unes contre les autres. On s'essaie avec John, sous le regard amusé de Stéphane, au lancer de tuiles, trois par trois. La trajectoire n'est pas trop longue car nous avons livré les palettes avec le Merlo, sur les fourches. Nous ne couvrons pas la partie du toit destinée à recevoir un Vélux et des panneaux solaires, car le matériel devrait arriver à la fin du mois.

Mercredi 23 août. Ce soir la maison est hors d'eau, couverte de tuiles écailles. Après avoir hésité entre des bandeaux zingués et des tuiles de rive, nous avons opté pour ces dernières et le résultat est satisfaisant.

éclairage

Les chevrons porteurs, une solution simple et accessible

« Le souci de performances énergétiques nous pousse à mettre des épaisseurs de plus en plus importantes d'isolation, surtout en toiture. La solution du chevron porteur est probablement une des plus efficaces et des plus élégantes. Elle permet de simplifier la charpente et de réduire les épaisseurs consacrées au complexe « isolation-étanchéite-structure » qui pourrait sinon atteindre des dimensions incompatibles avec une recherche de coûts maîtrisés. Les hauteurs atteintes par les chevrons conduisent à envisager des caissons entièrement porteurs réduisant à leur plus simple expression les éléments classiques de charpente, en se passant de fermes, de pannes, etc. »

Roland Studer, charpentier

6 Menuiseries et vitrages

Vendredi 25 août. Nous avons attaqué la pose des menuiseries, sept ouvrants et une baie vitrée faits sur mesure, en mélèze contrecollé. J'ai choisi de poser les ouvrants en tunnel (entre les montants d'ossature) plutôt qu'en applique, pour pouvoir aligner les vitrages des ouvrants avec ceux des châssis fixes* (voir dessin page 85). Les plus grandes fenêtres font 2,13 m de haut pour 55 cm de large, avec un seuil en aluminium, les plus petites 82,5 cm pour la même largeur. Nous étions partis pour les poser avec des équerres, et finale-

La baie vitrée est constituée de deux ouvrants et d'un fixe.

Tableau comparatif de différents vitrages

Type de vitrage	Double vitrage basique	Double vitrage peu émissif	Double vitrage peu émissif avec gaz rare	Triple vitrage peu émissif avec gaz rare
Épaisseur en mm du vitrage verre/lame (air ou gaz)/verre	4/10/4 (air)	4/12/4 (air)	4/16/4 (argon)	4/12/4/12/4 (krypton)
U en W/m².°C	3	1,9	1,2	0,5
Facteur solaire	75 %	69 %	78 %	52 %
Taux de transmission lumineuse	81 %	69 %	65 %	72 %
Économie d'énergie par rapport à un double vitrage basique en kwh/m²/an de vitrage		121 kwkh/m² soit 12,10 €/m²*	199 kWh/m² soit 19,90 €/m²*	276 kWh/m² soit 27,60 €/m²*

* Prix calculé selon un tarif du kwh de 0,10 euro

Source : La Maison écologique

ment nous les avons vissées, ce qui était plus commode pour les régler correctement. Nous avons pris soin de les caler avec des chutes d'Agepan ou de Livingboard là où nous vissions, pour ne pas forcer les huisseries et risquer de les déformer. Je pensais que cela serait plus compliqué, et finalement cela s'est fait plutôt aisément. Un joint de colle polyuréthane blanche réalisé à l'intérieur vient parfaire l'étanchéité, quant aux quelques mm de part et d'autre du dormant*, je vais les remplir avec des morceaux de laine de chanvre. Il faut soigner cette phase, pour éviter autant que possible les défauts d'étanchéité à l'air. Comme la fenêtre est placée en tunnel, il me faudra fabriquer des parecloses* extérieures pour venir en léger débord du bardage. Je piocherai dans le stock de mélèze sec de trois ans que j'avais acheté l'automne dernier à un particulier. L'habillage intérieur des fenêtres sera réalisé en Fermacell. Profitant de main-d'œuvre de passage, nous avons posé la baie vitrée de 5,40 m de large, qui vient sous le linteau de lamellé-collé, à l'ouest. L'ensemble est composé d'un châssis fixe de 1,81 m et de deux ouvrants de 1,80 m chacun glissés dans un précadre. Le réglage et la pose doivent se faire au mm si l'on veut que les coulissants se ferment bien, donc au niveau pour l'aplomb et au cordeau pour aligner les différents éléments. La baie vitrée est placée sur une semelle en liège agrafée sur quatre solives contre-clouées. L'étanchéité sera réalisée de la même manière que les autres ouvrants, avec un joint de colle PU et des écheveaux de laine de chanvre. J'avais acheté une bombe de mousse expansive que je n'ai pas utilisée.

➲ Réalisation de l'étanchéité.

23 septembre. J'ai commencé à poser les parecloses des châssis fixes (au nombre de 20 dans la maison), puisque le vitrier doit venir poser les vitrages la semaine prochaine. La pareclose est un système assez simple, économique et thermiquement performant. On assemble une sorte de précadre entre les montants d'ossature prévus pour recevoir le vitrage, puis on vient plaquer le vitrage contre cette pareclose. À l'intérieur on procède de même, avec une deuxième pareclose qui « sandwiche » la vitre. L'intérêt est multiple : on peut prévoir des châssis fixes là où un ouvrant n'est pas indispensable, ce qui coûte moins cher, on peut placer la vitre où l'on veut dans

à retenir

Quelles essences pour les menuiseries ?

Il existe de multiples options pour le choix des menuiseries, de l'acier au bois en passant par le PVC ou les menuiseries mixtes alu-bois. L'acier n'est pas très adapté au climat de montagne, trop peu isolant, bien que le rendu soit très beau. Le PVC était hors de question, restait le bois, avec un choix d'essences locales variées : mélèze, Douglas, pin sylvestre. Le pin sylvestre est également une belle essence, au grain assez fin. Malgré la bonne tenue de ces bois dans le temps, je ne couperai pas à un minimum d'entretien de mes menuiseries en mélèze, *a priori* pour éviter les moisissures, s'il y en a, puisque le grisaillement m'importe peu. Lors d'une commande de menuiseries, on peut également choisir un traitement fini, ou à compléter. Quant aux systèmes mixtes bois-alu, ils présentent de bonnes propriétés thermiques.

la profondeur de l'ossature, si possible vers l'extérieur pour limiter les ponts thermiques. La grande souplesse architecturale que permet cette technique est intéressante, puisqu'on peut sortir des dimensions standard des fenêtres classiques. Les parecloses que j'ai préparées, également débitées dans un stock de mélèze sec, font 13,5 cm de profondeur pour 3 cm d'épaisseur, sur des hauteurs variées, en fonction des fenêtres. Si mon budget me l'avait permis, peut-être aurais-je mis du triple vitrage pour augmenter le confort thermique de la maison. Mais son prix est prohibitif (20 % de plus qu'un double-vitrage peu émissif avec gaz rare).

26 septembre. Le miroitier a posé les châssis fixes et les parecloses intérieures. Le vitrage est un 4-16-4 Argon, faiblement émissif, doté d'un facteur solaire de 58 %, qui se décompose comme suit de l'intérieur vers l'extérieur : un verre classique de 4 mm d'épaisseur, une lame d'Argon d'1,6 cm, puis à nouveau un verre de 4 mm dont la face intérieure est enduite d'une pellicule d'oxyde d'argent qui lui donne sa caractéristique de faible émissivité. Le U (coefficient thermique*) est de

Vitrage fixe avec parecloses.

1. Vitrage 4/16/4
2. Joint d'étanchéité de part et d'autre du vitrage
3. Pareclose en mélèze 30 x 135 mm
4. À l'extérieur, seuil avec inclinaison pour l'évacuation de l'eau
5. Détail de la goutte d'eau sous le seuil

à éviter

La provenance du mélèze de mes ouvrants, la Sibérie, est bien identifiée par le fabricant des menuiseries. Problème : la gestion de ces forêts est loin d'être durable, et je m'en veux de ne pas y avoir été plus attentif. La Sibérie est livrée à une exploitation forestière anarchique, essentiellement boostée par la demande croissante de la Chine. Il aurait mieux valu opter pour des bois exotiques certifiés FSC (Forest Stewardship Council) ou du chêne certifié PEFC (Pan European Forest Certification) par exemple. Ce que j'aurais sans doute dû faire, car les menuiseries en mélèze français sont pratiquement introuvables en France.

1,1. Le U d'un triple-vitrage avoisine 0,5. Sur le choix des vitrages, il existe aujourd'hui de nombreuses options. Oublions les simples et double-vitrages basiques, qui ne présentent aucun intérêt d'un point de vue thermique. Le choix des vitrages (au minimum du double-vitrage 4-16-4 peu émissif, ce que j'ai choisi pour les ouvrants), avec gaz rare éventuellement, se fera également en fonction de leur emplacement dans la maison. Dans une conception bioclimatique, on cherche à poser au sud des vitrages capables de favoriser le rayonnement solaire vers l'intérieur pendant la saison froide sans pour autant perdre des calories lorsque le soleil ne « tape » plus sur les vitres. On optera alors pour des vitrages dotés d'un facteur solaire élevé (supérieur à 60 %), permettant de bons apports solaires passifs durant la période hivernale (le facteur solaire g est exprimé en pourcentage du rayonnement reçu). Au nord, la meilleure solution demeure des ouvertures limitées, car quel que soit le type de vitrage, les déperditions thermiques seront inévitables. Quant à l'est et à l'ouest, tout dépend de l'environnement. Le vitrage de la baie vitrée située à l'ouest chez moi est un double-vitrage faiblement émissif. Le terrain étant généreusement arboré, les surchauffes estivales seront très faibles, ce que j'ai pu déjà constater l'été dernier, durant les travaux, lorsque la maison était fermée. Quant au pourcentage de vitrages « nécessaires » au sud par rapport à la surface de plancher, il est souvent préconisé qu'au moins 40 % de la façade sud soit vitrée lorsque cela est pertinent en termes d'apports solaires passifs. Cela reste théorique et dépend évidemment du terrain, du climat local, des habitudes de vie, etc. Et sur ce sujet les points de vue sont assez contrastés (lire l'éclairage d'Olivier Sidler ci-contre).

Les chassis fixes permettent de cadrer des vues originales.

éclairage

Trop de vitrages tuent la performance énergétique

« Depuis des années, on construit des maisons en mettant des vitrages un peu partout, sans réfléchir aux déperditions thermiques, ou aux surchauffes estivales. Il faut aujourd'hui revoir le pourcentage de vitrages par rapport à la surface habitable des logements. Au-delà d'un certain ratio, on s'expose à des surchauffes importantes. En deçà, les gains thermiques sont insuffisants et on dépense trop d'argent pour chauffer le bâtiment. L'optimum se situe entre 16 et 18 % de vitrages par rapport à la surface habitable. Il faut donc changer nos habitudes de travail si l'on veut construire des bâtiments performants, consommant moins de 50 $kWh/m^2/an$, pour diminuer nos émissions de CO^2. C'est ce que font apparaître les simulations que nous réalisons pour concevoir des bâtiments à faible consommation d'énergie. Il faut aussi noter que la RT2005* a placé l'optimum de ce ratio à 17 % ! Au-delà, le projet de construction sera très pénalisé ».

Olivier Sidler, directeur du cabinet Enertech

7 De l'usage du frein-vapeur

Le frein-vapeur est destiné à limiter la pénétration de la vapeur d'eau que produisent les habitants d'une maison dans l'isolation, et de rendre l'habitation étanche à l'air. Le pare-vapeur ne la freine pas mais l'empêche carrément de pénétrer dans les murs. Cette étanchéité est théorique et il suffit de quelques défauts d'étanchéité lors de la réalisation de l'habitation pour que la vapeur d'eau se concentre sur ces défauts et produise de la condensation, notamment dans l'isolant, ce qui est tout à fait dommagea-

Pose du frein-vapeur armé.

à éviter

Pensant qu'il n'existait qu'une largeur de frein-vapeur (1 m), nous avons été obligés de le poser horizontalement. Mais si nous avions su qu'il existait d'autres largeurs, j'aurais probablement acheté du frein-vapeur de 1,25 m de large, ce qui nous aurait permis de le poser verticalement et de couvrir à chaque fois deux caissons. La pose aurait été en outre plus facile : on part du haut et on déroule.

ble surtout s'il s'agit de laines minérales. Le frein-vapeur, lui, induit une conception des murs différente, afin de favoriser l'évacuation progressive de la vapeur d'eau vers l'extérieur où elle finit par s'évaporer. Pour cela, les couches constituant la structure extérieure des murs doivent être plus perméantes à la vapeur d'eau que les couches intérieures. L'association Fermacell + frein-vapeur + ouate de cellulose + Agepan + lame d'air + bardage permet de trouver cet équilibre, d'autant plus que des isolants tels que la ouate de cellulose – mais également le liège ou les laines de bois, peuvent s'humidifier dans une certaine proportion sans perdre pour autant leur pouvoir isolant. D'autres matériaux tels que la terre crue, ou encore la brique, permettent également de concevoir des murs perspirants*. La comparaison la plus appropriée pourrait être faite entre un K-Way et un Gore-Tex, ce dernier laissant passer la transpiration, tandis que le premier l'emprisonne.

« La vapeur d'eau, expliquent Samuel Courgey et Jean-Pierre Oliva dans leur ouvrage *La conception bioclimatique* (cf. annexes), n'est pas un polluant en tant que tel. Mais, lorsque sa concentration dans l'air devient trop importante, elle crée de l'inconfort, voire des condensations sur les ponts thermiques, les parois froides et dans les isolants. Elle est alors une source importante de dégradation du bâti et de la qualité de l'air intérieur ».

Autant dire que la pose du frein-vapeur requiert méthode et soin. J'ai choisi un frein-vapeur armé, du Proclima DB +, que l'on agrafe contre les montants d'ossature à l'intérieur, ce qui permet ensuite d'insuffler la ouate de cellulose entre ce frein-vapeur et l'Agepan qui contrevente la maison. Les lés* sont posés horizontalement, c'est-à-dire perpendiculai-

Perspirance des murs.

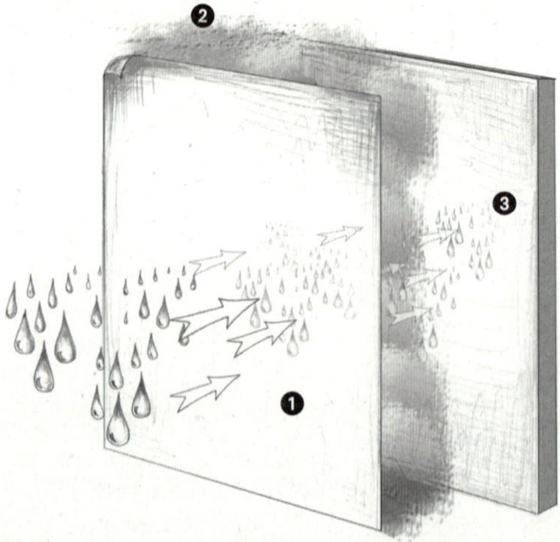

Source : *La conception bioclimatique*, Samuel Courgey, Jean-Pierre Oliva

❶ La vapeur d'eau migre à travers le frein-vapeur,

❷ puis est en partie stockée dans l'isolant,

❸ ou continue à s'évacuer en traversant le panneau de fibre de bois. Il faut que les différentes couches de la structure du mur soient de plus en plus perméantes en progressant vers l'extérieur

éclairage

Le régulateur de vapeur d'eau

« Au terme de frein-vapeur, je préfère celui de régulateur de vapeur d'eau, car c'est bien de cela dont il s'agit. Un film qui tout en étant étanche à l'air permet à l'humidité de migrer à travers les murs. Il existe même aujourd'hui des films qui fonctionnent différemment en été et en hiver. L'hiver la vapeur d'eau est freinée par le régulateur dont les pores se ferment. La partie qui traverse quand même est stockée dans l'isolant. S'il s'agit de fibres végétales (laines de bois, de cellulose), celles-ci ne se mouillent pas mais gonflent légèrement comme le fait le bois en atmosphère humide. En été, les pores du régulateur s'ouvrent au maximum pour laisser passer la vapeur d'eau dans l'autre sens, c'est-à-dire de l'isolant vers l'intérieur. Ce qui constitue un avantage en termes de climatisation naturelle car en s'évaporant la vapeur d'eau va consommer des calories, donc rafraîchir l'habitat. Je conseille tout de même d'utiliser un panneau extérieur qui ne soit pas étanche à la vapeur d'eau et lui permette également d'être évacuée vers l'extérieur. Ce système ne fonctionne pas avec des laines minérales qui ne stockent pas l'eau dans leurs fibres, mais entre elles et dont la qualité isolante se dégrade fortement dès qu'elles sont humides ».

Jean-Pierre Oliva, consultant et formateur en architecture écologique

rement aux montants d'ossature. On cloue ensuite des lattes de 27 mm x 40 mm tous les 40 cm, perpendiculairement aux montants. Ces lattes permettent de tenir le frein-vapeur lors de l'insufflation et recevront ensuite le parement intérieur. À la jonction de chaque lé on colle une bande adhésive pour parfaire l'étanchéité entre les deux bandes de frein-vapeur. Celui-ci doit être tendu au maximum lors de la pause, pour éviter qu'il ne se déforme trop lors de l'insufflation. Les lés doivent être collés en périphérie, sur les montants d'ossature, ce que je n'ai pas fait par manque d'information. Mais le contre-lattage s'est révélé efficace pour tenir le frein-vapeur. Seule inquiétude aujourd'hui, une étanchéité à l'air peut-être moindre en périphérie. Pour s'en convaincre totalement, il faudrait tester l'étanchéité de la maison avec un système coûteux, ce que je ne pourrais pas faire. L'une des plus grandes difficultés, lors de la pose, consiste à éviter de percer le frein-vapeur trop souvent, même s'il est aisé de poser des rustines. Lorsque l'on pose directement un parement en bois (du lambris par exemple) sur l'ossature et contre le frein-vapeur, l'on peut se dispenser de prendre du frein-vapeur armé. Quant aux autres parements, notons que les plaques de plâtre résistent mal à l'insufflation, tandis que les plaques de gypse-cellulose, plus résistantes, sont plus adaptées.

Vendredi 8 septembre. Nous avons enfin terminé la pose du frein-vapeur à l'étage, ce qui ne fut pas une partie de plaisir : long et laborieux, notamment sous les rampants*. Beaucoup de découpes, de petits morceaux, d'ajustements pour que le frein-vapeur soit étanche et qu'il résiste à la pression de l'insufflation de l'isolant en vrac. Le résultat est satisfaisant, nous avons pris le temps nécessaire pour soigner la pose et faire en sorte que la maison soit étanche à l'air. Quelques galères avec les lattes de 27 x 40 clouées sur les montants d'ossature ou les chevrons pour tenir le frein-vapeur, car elles ne faisaient pas toutes 27 mm d'épaisseur, or c'est primordial pour la pose ultérieure du parement. Je raboterai là où cela est nécessaire pour rattraper les différences de niveau. Un gros chantier au final que la pose de ce frein-vapeur. Il nous aura fallu près de 15 jours pour poser 250 m², à trois la plupart du temps.

Ce tableau présente quatre types de murs, dont trois sont perspirants, mais avec des matériaux et une structure différents (de l'extérieur vers l'intérieur) :

	Exemple 1 (Alpes - contreventement extérieur)	Exemple 2 (Alpes - contreventement extérieur)	Exemple 3 (Alsace - contreventement extérieur)	Exemple 4 (Alpes - contreventement intérieur)
	Notre maison	**Maison Mathieu B.**	**Maison ossature bois standard**	**Maison en T - Jean-Luc Moulin, architecte**
bardage mm	27	40	22	24
lame d'air mm	27	27	27	27
pare-pluie	panneau en fibre de bois 16 mm	panneau en fibre de bois 16 mm	film pare-pluie	laine de bois 22 mm
contreventement	panneau en fibre de bois 16 mm	panneau en fibre de bois 16 mm	OSB 9 mm	Contre-ossature intérieure avec des chevrons de 60 mm
ossature mm	47 x 143	20 x 80	45 x 120	50 x 140
isolation mm	ouate de cellulose insufflée (143 mm)	fibre de bois (220 mm)	laine minérale (120 mm)	ouate de cellulose insufflée (200 mm)
étanchéité	frein-vapeur armé	frein-vapeur armé	pare-vapeur	frein-vapeur armé
tasseaux mm	27 x 40	27 x 40	27 x 40	27 x 32
parement intérieur	fermacell 12,5 mm/lambris	fermacell 12,5 mm/lambris	placo-plâtre 13 mm	fermacell 12,5 mm/lambris
coëfficient d'isolation thermique	0,25	0,19	0,30	0,16

Des quatre exemples, le quatrième est celui qui présente le meilleur coefficient d'isolation thermique (U = 0,16). Le pouvoir isolant des parois d'une habitation est défini en fonction de la conductivité thermique des matériaux (lambda) et de leur résistance thermique (R). Il s'exprime en U. Plus le U d'une paroi est faible, plus celle-ci est isolante.

Exemple de calcul :

La ouate de cellulose a un lambda de 0,04, une épaisseur de 14,3 cm soit 0,143 m. Le R se calcule en divisant l'épaisseur par le lambda du matériau, soit 0,143 : 0,04 = 3,575. Pour calculer le U, il suffit de diviser 1 par R soit u = 1 : 3,575 = 0,28.

Donc, pour calculer le pouvoir isolant des parois d'une maison, il faut calculer le R de chaque couche de matériau intervenant dans la composition des murs, puis appliquer l'équation suivante U = 1/R. La conductivité thermique des différents matériaux est en général fournie par les fabricants (cf. tableau page 109). Pour information, la réglementation thermique (RT)* 2005 impose des U compris entre 0,36 et 0,40 en fonction des zones climatiques pour les parois en contact avec l'extérieur. Autant dire que ces habitations sont largement dans les clous, très performantes, avec un bémol pour l'exemple 3, présentant le U le plus faible.

Le passage des gaines électriques peut s'effectuer dès que le frein-vapeur et les tasseaux sont posés.

faitage 7.50
600
1200
375

À l'intérieur, enfin

Des fluides et des gaines

Les plaques de gypse-cellulose

L'isolation en ouate de cellulose

Les menuiseries intérieures : escalier, plans de travail

Le chauffage et l'inertie d'une maison ossature bois

Le bois à l'extérieur : bardage et terrasses

Le chauffe-eau solaire individuel (CESI)

1 Des fluides et des gaines

14 août. Au rez-de-chaussée la dalle du solivage est enfin achevée, et les réservations pour l'électricité, l'eau et le puits canadien ont été faites. Nous avons dû percer quelques solives pour faire passer les gaines électriques, qui se retrouveront donc dans l'isolant, et entailler d'autres solives pour faire passer les arrivées d'eau chaude et d'eau froide. L'idéal aurait été de prévoir des lambourdes* sur la dalle de Livingboard pour pouvoir y passer ces gaines, mais je n'avais pas prévu dans mon budget de faire scier le bois nécessaire et je préférais clouer le parquet directement sur le plancher. En outre je perdais de la hauteur sous plafond. Les quelques gaines que nous avons dû passer dans le solivage ne nous ont pas donné tant de fil à retordre. Nous avons essayé de faire en sorte que la plupart des gaines électriques et des fluides passent soit dans les cloisons correspondant entre le rez-de-chaussée et l'étage, soit dans les murs. Une seule gaine traverse le frein-vapeur, car nous n'avions pas le choix. Mais cela est fortement déconseillé. Nous avons également percé quelques montants d'ossature pour faire passer certaines gaines. La contrainte la plus forte était liée au plancher cloué, qui ne permettait pas de passer la moindre gaine en plafond. Du coup une descente technique permet de faire passer toutes les évacuations de l'étage vers le rez-de-chaussée puis le vide sanitaire. Si la salle de bain s'était trouvée à l'étage dans le prolongement de la cuisine, cela nous aurait simplifié les choses. Mais après avoir tenté de trouver différentes solutions avec l'architecte, il n'était pas possible de faire autrement, à moins de modifier considérablement l'agencement intérieur des pièces de la maison. Au final cela n'a pas été insurmonta-

Passage d'une gaine dans le solivage.

ble. Je pensais également qu'un vide technique de 27 mm, obtenu grâce aux tasseaux cloués contre l'ossature et recevant le parement intérieur, serait limite pour encastrer les boîtiers électriques, d'autant plus que la ouate insufflée pousse le frein-vapeur et réduit d'autant la profondeur utile pour encastrer ces boîtes. Là encore, cela n'a pas été le cas. L'installation électrique a été improvisée avec John au fur et à mesure du chantier (même si nous avions anticipé les réservations lors du gros œuvre), et à l'usage c'est tout à fait satisfaisant. Malgré cela, nous n'avons pas eu l'agrément du Consuel, l'organisme chargé de vérifier la conformité de l'installation électrique, pour une fuite à la terre trop faible, ce qui est tout à fait compréhensible. Je n'avais pas la possibilité de la tester au préalable, et je le regrette vivement, car toute nouvelle visite entraîne des frais supplémentaires (160 € contre 100 € pour la première visite !). Un seul conseil, respecter scrupuleusement les normes, même si elles sont parfois très contestables. Exemple : deux points lumineux sont obligatoires dans les chambres (deux appliques, ou une applique et une prise commandée). J'ai choisi de n'en mettre qu'un, ce qui m'apparaissait largement suffisant. Non conforme... Sans parler des prises de TV et de téléphone imposées dans les chambres. Au final l'installation est classique et n'a rien d'écologique ou de biocompatible simplement par méconnaissance des alternatives existantes, car le surcoût n'est pas énorme en autoconstruction (lire éclairage page 99).

La plomberie a été réalisée pour une – petite – part en cuivre, et en PER (polyéthylène réticulé) pour la plus grande partie.

O John en train de réfléchir au schéma électrique, avant de fermer le solivage.

La principale difficulté, ou contrainte, était liée au réseau parallèle d'eau de pluie, qui alimente deux toilettes et une machine à laver, ainsi qu'un robinet pour l'arrosage. Il faut donc davantage de raccords, de tuyaux, et il n'y en a jamais assez, il manque toujours une bricole. Nous avons essayé d'éviter de faire des raccords qui seraient ensuite masqués par le parement intérieur, et le seul endroit où nous n'avons pas pu l'éviter est resté accessible, pour pouvoir vérifier qu'il n'y avait pas de fuite lors de la mise en pression du réseau. L'intérêt du cuivre est qu'il est garanti 30 ans, quant au PER, c'est un matériau relativement nouveau, plus accessible en autoconstruction car il n'y a pas de soudures. Je n'ai pas réussi à trouver d'informations quant à sa résistance à l'usure dans le temps.

éclairage

Des fils blindés dans l'ossature

« Dans le cas de constructions à ossature bois, il faut être assez vigilant sur les champs électromagnétiques, car le bois est légèrement conducteur, mais pas suffisamment comparé à la pierre, ou même la brique. Pour les personnes très sensibles, l'exposition à ces champs provoque des troubles du sommeil, des fatigues inexpliquées, du stress, un affaiblissement des défenses immunitaires. Le problème est surtout lié à l'exposition à long terme. Il existe différents moyens de bloquer ces champs électromagnétiques, tels que les gaines ou les fils blindés par exemple. Le surcoût d'une telle installation par un professionnel est d'environ 20 %. En autoconstruction, c'est encore plus abordable. Il faut compter 300 € de fils blindés pour une maison standard d'environ 120 m². On peut également, pour le circuit des chambres, placer des interrupteurs automatiques de champs (IAC). Ce système supprime la tension de 230 volts dans les circuits tant qu'il n'y a pas de consommation de courant. Il ne subsiste alors dans les circuits protégés qu'une basse tension continue. Ils sont posés dans le tableau électrique, au départ des circuits ».

Claude Bossard, électricien spécialisé en électricité biocompatible

➲ La douche à l'italienne est réalisée avec une membrane PVC collée sur un platelage.

2 Les plaques de gypse-cellulose

Lundi 11 septembre. Changement de décor aujourd'hui, avec la pose de quelques plaques de gypse-cellulose, du Fermacell, histoire de se mettre en jambes pour la semaine. C'est lourd, impossible à couper au cutter, du coup il faut utiliser la scie circulaire, sans aspirateur (que je dois recevoir incessamment sous peu), d'où dégagement de poussière fine de gypse et de fibre de cellulose, pas top. Mais l'intérêt de ce produit est qu'il est à la fois hydrofuge* et ignifuge*, qu'il apporte davantage d'inertie dans la maison du fait de sa forte

Les plaques sont collées chant contre chant.

❶ Pose des plaques de Fermacell.

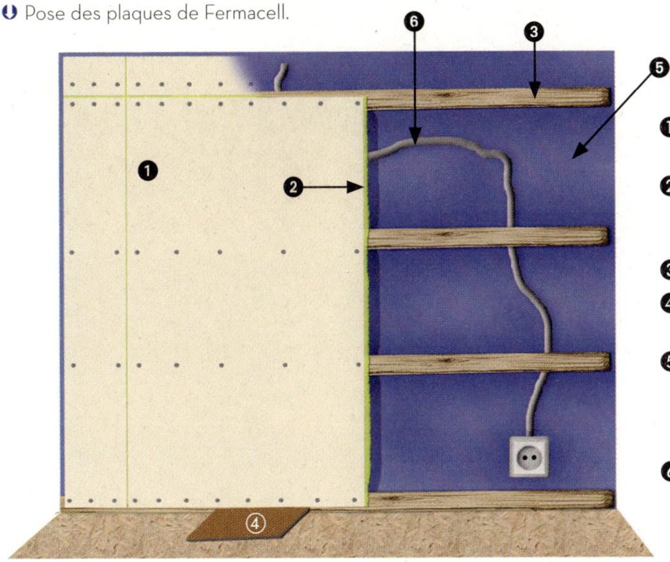

❶ Plaque de Fermacell 12,5 mm

❷ Joint de colle pour recevoir la plaque suivante

❸ Tasseaux 27 x 40 mm

❹ Cale de 10 mm pour poser les plaques

❺ Frein vapeur agrafé sur les montants d'ossature et tenu par les tasseaux 27 x 40

❻ Passage des gaines électriques sur le frein vapeur, bloquées par les tasseaux

densité (les plaques de 0,6 x 1,20 m pèsent 35 kg chacune), qu'il procure une bonne isolation phonique, et qu'il contrevente. En Allemagne il est parfois utilisé comme seul élément contreventant d'une ossature en bois, ce qui n'était pas autorisé en France jusqu'à l'**automne 2006**. Le Fermacell bénéficie depuis d'un avis technique pour sa fonction de contreventement, à condition qu'il soit directement fixé sur les montants d'ossature. Son coût au mètre carré est deux à trois fois supérieur à celui du placo-plâtre, ce qui m'a longtemps fait hésiter. En outre sa pose n'est pas des plus aisées. Une première plaque est vissée – ou, mieux, agrafée lorsque l'on dispose d'une agrafeuse pneumatique puissante – à 10 mm du bord, puis l'on dépose un cordon de colle sur le chant de la première plaque, préalablement dépoussiéré. On vient ensuite plaquer le chant de la deuxième plaque contre celui de la première. La colle, expansive, va alors former un bourrelet entre les deux plaques, que l'on fait sauter 24 heures plus tard à la spatule. Le joint final fera alors à peine plus d'un millimètre. Un enduit de jointoiement permet de parfaire le joint entre chaque plaque. Les surfaces sont ensuite prêtes à peindre.

La dureté du Fermacell est autre que celle du placo – on peut ainsi poser une plaque entière sur un angle, durant quelques secondes, sans que celui-ci ne se brise – et la sensation de

Le plus gros inconvénient du Fermacell est son poids, 30 kg par plaque.

paroi qui sonne creux est fortement atténuée. On peut y suspendre de fortes charges (50 kg par vis avec cheville pour paroi creuse). Il est plus respirant que le placo-plâtre, et le confort hygrométrique ne peut être que meilleur.

14 septembre. Les cloisons de l'étage entre les chambres et la salle d'eau ont été insufflées en cellulose et le résultat est probant en termes d'efficacité phonique. De ce point de vue là, qu'il s'agisse de cloisons ou de planchers, le principe est le même : masse-ressort-masse. Autrement dit un matériau rigide (le Fermacell en l'occurrence), puis un matériau moins dense (la ouate, mais cela peut être de la fibre de bois), et à nouveau du Fermacell. C'est ainsi que sont piégés le plus efficacement les bruits entre deux espaces. Nous avons continué à poser du Fermacell au rez-de-chaussée et je suis agréablement surpris par la régularité des tasseaux, non rabotés (27 x 40 mm), qui reçoivent les plaques. Si parfois nos entraxes* sont approximatifs, il suffit de rajouter une latte pour pouvoir visser les extrémités du Fermacell. Le fait de visser les plaques sur des tasseaux de bois assure une plus grande rigidité encore des murs. Vu la résistance de la colle Fermacell et le bon taux d'hygrométrie des bois, j'ai du mal à imaginer que les plaques puissent un jour fissurer.

9 octobre. Le Fermacell encore et toujours... Que c'est long d'habiller la maison. Poser les plaques n'est pas le plus fastidieux, sauf sur les pignons où les coupes d'angles ne simplifient pas les choses. Mais poncer une première fois, puis enduire les joints et poncer à nouveau prend du temps. Et quelle poussière ! Mais mieux vaut tout faire maintenant, même s'il est tentant d'avancer sur d'autres chantiers. Il n'y a rien de pire que de devoir poncer une fois qu'on est installé dans la maison. Le plus pénible ce sont les vis, qui pénètrent mal dans les plaques tant elles sont dures. Pour peu qu'il y ait un nœud dans le tasseau de Douglas qui se trouve derrière, c'est peine perdue, définitivement. Pour bien faire il faudrait pré-percer, ou fraiser, avant de visser. Mais à ce rythme-là j'y suis encore dans deux mois. Alors tant pis, je reprendrai ces vis plus tard. Le placo a du bon, comparé au Fermacell et aux difficultés de mise en œuvre (découpe, poids et fixation), mais je reste persuadé d'avoir fait le bon choix, pour les qualités techniques du matériau évoquées plus haut, mais aussi parce que je ne crois pas que le placo-plâtre vissé sur des tasseaux de bois aurait eu la même tenue dans le temps. Il m'aurait sans doute fallu travailler avec des rails métalliques.

post-scriptum février 2007

J'ai été bien inspiré de ne pas me précipiter sur la peinture, car depuis l'été 2006 la maison a travaillé, et quelques jours sont apparus entre les plaques, exclusivement dans les jointures d'angles. La plupart du temps il s'agit 1 ou 2 mm, donc une petite passe d'enduit supplémentaire sera la bienvenue. En revanche, là où les plaques sont collées, ça n'a pas bougé.

18 octobre. Dernières plaques et petits bouts de Fermacell, il était temps que cela s'arrête !

à retenir

Fermacell versus placo-plâtre

La production du Fermacell, mélange de gypse, d'eau et de fibres de cellulose compressées, n'est pas forcément plus écologique que celle du placo-plâtre car la matière première provient pour partie d'immenses carrières de gypse, une ressource non renouvelable, tandis que celle du placo-plâtre, le désulfogypse (du gypse synthétique), est un sous-produit des centrales thermiques. On ne trouve ni COV, ni métaux lourds dans les plaques de plâtre cartonnées de chez Lafarge. La différence réside dans le fait que les plaques de Fermacell sont naturellement pare-feux, tandis que les plaques de plâtre cartonnées sont renforcées avec de la fibre de verre pour obtenir la même efficacité ignifuge, et traitées avec des fongicides pour obtenir des qualités hydrofuges. Il n'existe pas, cependant, d'études comparatives des différentes plaques de plâtre disponibles sur le marché français.

3 L'isolation en ouate de cellulose

12 septembre. Arrivée de Lionel et Laurent, qui travaillent tous deux pour Quintessence, une entreprise drômoise qui vend et met en œuvre des matériaux de construction écologique. Laurent et Lionel sont venus pour insuffler la ouate qui servira d'isolant. J'ai prévu 23 cm en toiture, 14,3 cm dans les murs et 17 cm dans le solivage. L'avantage de la cellulose est multiple. Outre son très bon lambda* (équivalent aux laines minérales), la ouate, qui se présente sous forme de flocons, permet un bon déphasage thermique. Ainsi l'été, entre le moment où l'isolant encaisse la chaleur estivale diurne, et le moment où l'onde thermique se propage dans la mai-

Ouate insufflée entre les solives.

Déperditions thermiques dans une maison.

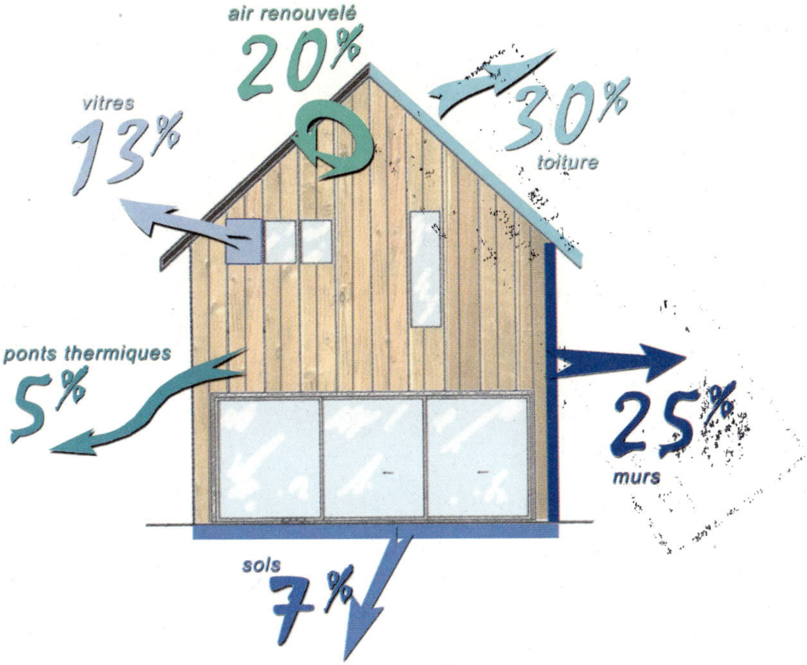

Source : La Maison écologique.

son, il peut s'écouler 8 à 10 heures. En outre, comme la ouate s'échauffe peu, l'onde thermique retransmise dans la nuit est d'autant moins chaude. Or la nuit il est beaucoup plus aisé de ventiler et rafraîchir une maison. Le confort d'été, en sous-toiture, n'est pas à négliger, d'autant plus qu'ici il n'y a pas d'espace perdu et que celui-ci est habité jusque sous la faîtière. Quant aux propriétés thermiques de la ouate en hiver, elles sont très très bonnes. La fibre de bois est également très adapté pour le confort d'été.

La ouate est actuellement l'isolant écologique qui présente le meilleur rapport qualité/prix, autour de 20 euros le mètre carré insufflé, pour des épaisseurs au moins égales à 14 centimètres. Au tout début de ma réflexion sur le projet de construction, je m'étais dit que je pourrais faire ce compromis-là : mettre de la laine minérale à défaut d'un isolant écologique. Mais dans ce cas, les murs perspirants n'avaient plus aucun sens, et autant réaliser une ossature bois en OSB, pare-pluie et laine de verre. Les économies réalisées grâce à l'autoconstruction m'ont permis de faire ces choix de matériaux. Si j'avais dû le faire faire, je n'aurais jamais pu me le permettre financièrement. Pour autant, tous les principes constructifs en ossature bois ont leur place et il est pertinent de mettre 20 cm de laine minérale dans ses murs et 25 voire 30 cm en toiture pour générer d'importantes économies de chauffage l'hiver. L'été le confort sera en revanche médiocre. Je me sens cependant beaucoup plus à l'aise dans une enveloppe en ouate de cellulose que dans de la laine minérale, notamment grâce au confort hygrométrique. L'insufflation permet en outre de limiter les ponts thermiques car la ouate se glisse partout. Et comme elle est répulsive pour les insectes, car traitée au borax[1], elle protège les montants d'ossature par la même occasion. Si la pose du frein-vapeur a été soignée, si aucun espace n'a été oublié, ce type d'isolation me semble très performant. Je préfère une isolation performante, notamment en moyenne montagne, plutôt qu'une cuisine intégrée coûtant les yeux de la tête. Quitte à faire une cuisine définitive à mon goût dans quelques mois ou quelques années. Si mes moyens me l'avaient permis, sans doute aurais-je ajouté au moins 40 mm d'isolant en laine de bois à l'extérieur du panneau d'Agepan, histoire d'augmenter encore l'efficacité des parois, non seulement en obtenant ainsi des murs avec davantage d'isolant, mais également en rompant tous les ponts thermiques grâce à une isolation rapportée à l'extérieur. Le gain ainsi obtenu m'aurait sans doute permis d'économiser un ou deux stères de bois par an. J'ai également utilisé de la laine de bois en 50 et 100 mm pour isoler le vide sanitaire du hall d'entrée côté garage. Le matériau est agréable, dégageant une odeur de miel, mais un peu difficile à couper avec un simple couteau ou cutter. Une scie circulaire sur rail est là aussi fort utile, branchée sur un aspirateur. Pour davantage d'informations sur les isolants, je ne saurais que vous conseiller l'ouvrage de Jean-Pierre Oliva intitulé *L'isolation écologique* (cf. annexes), une référence en la matière, que j'ai beaucoup potassé avant d'effectuer des choix.

1. Le borax est un produit nocif, il faut donc porter un masque lors de l'insufflation. Mais une fois enfermée, la ouate ne présente plus aucun risque.

L'isolation par insufflation aura pris quatre jours à deux professionnels.

La mise en œuvre de la ouate se fait par insufflation entre les panneaux de contreventement d'Agepan DWD et le frein-vapeur (photo), qui forment des caissons. Une incision est pratiquée au cutter dans le frein-vapeur, puis on enfonce une buse qui permet d'insuffler l'isolant à une certaine densité. Cette densité est primordiale pour la qualité de l'isolation, et pour éviter le tassement dans le temps. Méfiez-vous des professionnels ou pseudo-professionnels qui insufflent pour pas cher. La densité est bien souvent trop faible. Il y a chez moi 40 kg/m^3 dans le solivage, 55 dans les murs et 60 dans les rampants de toiture*. J'étais parti pour louer la machine et réaliser moi-même l'insufflation. L'économie ainsi réalisée était substantielle. Mais une machine d'insufflation ne se loue pas n'importe où, et le travail n'est pas si évident. En tout cas il demande un peu de pratique. Finalement je ne regrette pas mon choix, car non seulement nous pouvons avancer sur d'autres chantiers pendant l'insufflation, en outre la rencontre avec Laurent et Lionel est fort enrichissante et leurs connaissances des matériaux et de leur mise en œuvre nous intéressent vivement John et moi ! Ainsi apprend-on qu'il ne faut pas laisser de pointes dépasser dans les caissons, car elles gênent le passage du flexible qui permet d'insuffler la ouate de cellulose. Ou encore qu'il vaut mieux que les caissons soient étanches les uns par rapport aux autres, pour éviter que la matière, la cellulose, se balade d'un bout à l'autre sans franchement remplir les caissons. J'apprends également qu'il existe des liants à base de liège et de résine, qui peuvent avantageusement remplacer les différentes colles PU que nous sommes obligés d'utiliser pour jointoyer les panneaux notamment, sans pour autant savoir où les trouver...

Vendredi 15 septembre. L'insufflation en ouate de cellulose est terminée. La différence au niveau de la qualité phonique de la maison est assez impressionnante, tout est plus feutré, tranquille. J'ai essayé d'en mettre le plus possible en toiture, car c'est la source de déperditions thermiques la plus importante d'une maison (environ 30 %). La ouate entoure donc toute la maison, avec quelques interruptions telles que les planchers (rez-de-chaussée et étage), et le bas des rampants. D'où l'intérêt d'une isolation supplémentaire à l'extérieur.

Les cloisons de l'étage (ossature 47 x 95 mm) sont insufflées avec de la ouate pour de meilleures performances phoniques.

Tableau comparatif des isolants manufacturés

	Description	Utilisation	Lambda[1]
Fibre de bois	Obtenues à partir de déchets de résineux compressés. C'est la colle naturelle du bois, la lignine, qui lie les fibres entre elles (parfois avec de la caséine).	paroi verticale sous-toiture rampant-plancher	0,045
Liège	Provient de l'exploitation du chêne liège. Après avoir été expansés, les granulats de liège sont liés avec la subérine (résine du chêne).	paroi verticale rampant-plancher sous dalle	0,039
Cellulose	Issue du recyclage de papier, elle reçoit un traitement au sel de bore comme fongicide et répulsif. Pose = manuelle (panneaux), insufflée, projetée	paroi verticale rampant-plancher	0,040
Lin	La fibre de la plante est liée par des fibres de polyester (10 à 20 %). Elle reçoit un traitement au sel de bore.	paroi verticale rampant-plancher	0,037 0,040
Canard	Les plumes de canard (70 %) sont texturées par des fibres de polyester (20 %) et de la laine de mouton (10 %). Traitement sel d'ammonium + autre non précisé.	paroi verticale rampant plancher	0,042
Mouton	Après avoir été démélée, lavée et désuintée, la laine est soit cardée mécaniquement, soit aiguilletée. Elle est traitée au sel de bore ou au mitin.	paroi verticale rampant-plancher toiture par le haut	0,037

1. *Explication du lambda en page 143 voir « conductivité thermique ».*

Source : la Maison Écologique

éclairage

« Les matériaux écologiques sont rentables à terme

« Les matériaux écologiques sont, il est vrai, souvent plus chers que les matériaux conventionnels. Toutefois, il faut nuancer cette affirmation. Une maison écologique est avant tout une maison confortable, peu énergivore et saine. Les matériaux écologiques sont souvent conçus pour répondre à ces 3 objectifs. À terme, les matériaux écologiques s'avèrent souvent financièrement très rentables. Nous travaillons afin que les maisons nouvellement construites consomment moins de 50 kWh/m²/an, alors que la moyenne française est de 200 kWh/m²/an.

Les matériaux écologiques traduisent de plus une volonté de solidité et durabilité qui s'oppose au vent fou du « tout jetable » ou du « bas de gamme » souvent rencontré dans le conventionnel. Une laine de verre achetée dans une grande surface « hard discount » coûtera certes 5 fois moins cher que des fibres de bois en panneaux, une plaque de plâtre coûtera moins cher que l'équivalent Fermacell. Toutefois, si on fait une comparaison « performance/durabilité/solidité » de ces matériaux, le bilan penche sans nuances vers les matériaux écolos. Enfin nous assistons depuis quelques années à la création de matériaux écologiques aboutis et multicritères. Dans le conventionnel, un matériau répond souvent à un objectif. Les matériaux écologiques vont au-delà de cette simple unicité. C'est particulièrement le cas dans la construction bois. Ainsi le Fermacell permet le contreventement et sert de panneau de finition « prêt à peindre ». En construction conventionnelle, ces fonctions sont assurées par un OSB, des plaques de plâtre (et rails acier associés) ».

Jean-Claude Mengoni, Quintessence

4 Les menuiseries intérieures : escalier, plans de travail

Giron*, ligne de foulée*, cosinus, épure*... Fabriquer un escalier n'est pas une chose aisée, et le vocable assez déroutant pour qui n'est pas du métier. Mais comme j'avais stocké du mélèze pour cet usage, il eut été dommage de l'acheter préfabriqué. Avec l'aide d'un ami char-

Montage provisoire des crémaillères de l'escalier pour vérifier les cotes.

pentier menuisier, Manu, nous l'avons donc tracé au sol (épure), d'abord une vue de dessus, puis les vues de côté. L'escalier est un deux quarts tournants, les marches et contremarches sont taillées dans du mélèze sec (12 % de taux d'hygrométrie), les limons* et crémaillères* dans quelques pièces de Douglas que je n'ai pas utilisées. Une fois toutes les planches utiles pour les marches rabotées, nous les collons pour obtenir la largeur nécessaire (27 cm), à l'aide d'une lamelleuse, outil bien pratique pour ce genre d'ouvrage (voir dessin ci-dessus). On préperce les pièces de bois à assembler, dans lesquelles on glisse une sorte de pastille de bois dur oblongue, qui permet de liaisonner les planches avec de la colle à bois. Après cinq jours de travail acharné, l'escalier est prêt à être monté, nous faisons un essai d'assemblage, tout rentre pile-poil, les pièces sont conformes à l'épure de Manu.

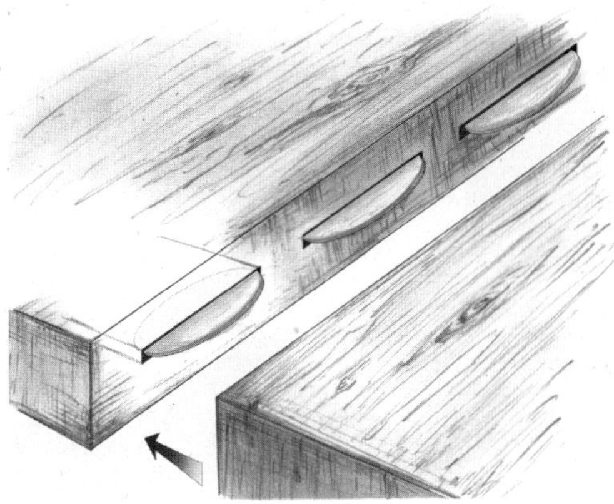

Assemblage de deux planches avec la technique des lamellos. Chaque chant est encollé, pressé l'un contre l'autre avec des serre-joints.

3 octobre. Les chantiers diminuent, et prennent moins de temps. Après avoir réalisé hier les cloisons de la salle de bain et des toilettes et chauffe-eau solaire attenant, avec du bois traité acheté sur le tard car j'étais un peu court en montants d'ossature, j'ai commencé aujourd'hui, pour la première fois, quelques finitions dans la cuisine : des niches intégrées dans une cloison auxquelles j'ai pensé en cours de route et qu'il faut faire maintenant. On est toujours tenté d'aller plus vite, de faire au plus simple, mais je tenais à ce petit détail et j'ai pris le temps de le faire. C'est en outre gratifiant et bon pour le moral, la maison commence à paraître habitable. John a terminé son contrat de travail, notre collaboration a été très enrichissante, j'ai beaucoup appris à son contact. Je souhaite à tout autoconstructeur de tomber sur un tel partenaire. Je poursuis donc seul, avec quelques coups de main ponctuels. Reste encore le bardage comme gros chantier, et une partie du Fermacell à poser dans des endroits peu accessibles, comme la trémie d'escalier.

Marches d'escalier huilées.

à éviter

De l'huile sans excès

Une fois la première couche d'huile passée sur les marches d'escalier au pinceau, j'aurais dû enlever le surplus d'huile (au bout de 30 à 45 minutes) qui ne pénètre pas avec un chiffon non pelucheux, sinon elle ne sèche pas et demeure collante. Il suffit de repérer les reflets de brillance, particulièrement sur les nœuds. Ce que je n'ai pas fait, du coup je me retrouve avec des tâches collantes sur certaines marches de l'escalier. Si ce problème n'est pas traité à temps, conseille un grossiste en peintures écologiques (Ekodis), il faut nettoyer ces parties-là avec une lessive à la soude (2 cuillerées à soupe dans 1 litre d'eau chaude), laisser agir 1 à 2 minutes, puis rincer avec un mélange, à parts égales, d'eau et de vinaigre (pour neutraliser la soude), avant de passer une autre couche d'huile dure.

Attendre que la première couche soit bien sèche (entre 10 et 16 heures) avant de poncer (grain 180 à 240), passer ensuite la deuxième couche.

technique

De nombreux panneaux de bois peuvent être utilisés pour des aménagements intérieurs, mais il convient de se renseigner sur leur fabrication et leur teneur en liants et formol. Une réglementation française donne un ordre d'idée assez précis sur leur teneur en formaldéhyde. Le marquage est obligatoire depuis 2003. Les panneaux classés E1 affichent des teneurs inférieures à 8 mg par 100 g de panneau, ce qui constitue un bon critère de choix. Mais il ne s'agit que de teneurs, et non d'émissions, or ces panneaux continuent à émettre des COV (composés organiques volatiles) néfastes pour la santé (irritation des yeux, de la gorge) après leur mise en œuvre. Les tests en Allemagne portent d'ailleurs sur les émissions, et non sur les teneurs des panneaux. Notons cependant que les fabricants français ont fait beaucoup d'efforts pour réduire l'utilisation des liants, dont la fonction est d'assurer la cohésion des panneaux et de les prémunir contre les risques d'humidification et d'attaques fongiques.

9 octobre. J'ai huilé les marches de l'escalier, ainsi que les limons et crémaillères, avec de l'huile dure. Produit agréable à travailler, à l'odeur largement supportable. L'huile dure contient de l'huile de lin, des huiles essentielles d'écorces d'agrumes, du siccatif* sans plomb. Contrairement aux vernis synthétiques, l'huile dure laisse le bois respirer tout en l'imprégnant au cœur. Pour cela, il faut au préalable poncer et dépoussiérer le bois. J'ai utilisé des bandes de ponçage avec un grain de 80 pour débuter, puis terminé avec du 120. Il faut éviter d'utiliser une granulométrie trop fine car les pores du bois s'obstruent et l'imprégnation est moins bonne. En fait l'huile pénètre dans les pores où elle se « substitue » à l'air, d'où l'apparition de bulles d'air à la surface du bois lorsque l'on passe la première couche. Si la température ambiante est inférieure à 20 °C, il n'est pas inutile de faire tiédir l'huile au préalable (au bain-marie, attention car l'huile est très inflammable), l'imprégnation n'en sera que meilleure. Le bois, notamment le résineux, doit être saturé d'huile dure mais sans surplus. Il faut laisser sécher environ 16 heures avant de pouvoir passer la couche de finition, également de l'huile dure (voir encadré ci-contre). Seul reproche, cette huile dure fonce le bois et lui donne un aspect miel pas toujours recherché. Mais il existe des huiles dures à base d'huile de ricin qui permettent de garder la teinte naturelle du bois. Difficile à vrai dire de s'y retrouver dans la gamme des différentes huiles disponibles sur le marché, tant elles sont nombreuses. Les applications sont évidemment fonction des produits, et il est tantôt conseillé de passer deux couches, tantôt trois.

Je protège également le plan de travail de la cuisine et celui de la salle de bain avec de l'huile dure. Les plans de travail sont réalisés en trois plis d'épicéa, un panneau de bois sans formaldéhyde, qui vient d'Autriche. Le matériau est constitué de trois couches de bois massif, ce qui lui confère une très bonne stabilité dimensionnelle. En outre, la particularité de ce panneau est le sens du fil du pli central. Celui-ci est croisé à 90° par rapport au sens du fil des plis extérieurs, donnant au produit une résistance très élevée. L'aspect est celui du bois massif. Pour différents aménagements intérieurs (plans de travail, portes coulissantes dans les chambres, étagère de cuisine), j'ai acheté deux panneaux de 2 m par 5 m de 19 mm d'épaisseur (mais on trouve plus épais).

Mi-octobre. Pose, enfin, de l'escalier, non sans mal. Il m'a d'abord fallu replacer les crémaillères, ce qui m'a pris du temps parce que j'avais oublié d'intégrer une contremarche, celle de la première marche, dans mon calcul. Du coup je me retrouvais face à un décalage incompréhensible. John, qui était venu me donner un coup de main, a vite repéré l'erreur. Nous avons mis à profit l'après-midi et l'aide d'un autre ami, Ian, pour poser le poteau central, les marches et les deux limons. Pas simple de tout faire coïncider au bon moment sans faire tomber de marches. L'escalier a trouvé sa place dans la trémie et transforme la maison. Du coup je me suis

éclairage

Les peintures

Le Fermacell se prête à toutes sortes de finitions, j'ai fait des essais avec de la peinture à l'eau, et le résultat est satisfaisant. Bien que n'ayant pas atteint le stade de la peinture à l'heure où je termine ce livre, j'opterai dans tous les cas pour des peintures « propres », dégageant le moins de COV (composés organiques volatiles) possibles. Car s'il est un domaine où l'opacité règne, c'est bien celui des peintures. Dans un test réalisé par *Que choisir* en 2003, la peinture naturelle la mieux placée émettait elle aussi des substances chimiques, mais à un niveau 30 à 70 fois inférieur à celui de son homologue chimique le mieux placé. Les peintures naturelles, ou écologiques, sont fabriquées à partir de composants d'origine naturelle, et non de synthèse.

L'escalier est un deux quarts tournant.

installé dans ma chambre, c'est plus sec et plus confortable que la caravane. La température y est relativement tempérée (c'est vrai qu'il ne fait pas très froid dehors), et je suis un peu déboussolé par l'isolation phonique qui me coupe de l'extérieur. J'entends à peine la pluie tomber et les pies jacasser de bon matin dans les cèdres.

3 novembre. La température a sérieusement chuté, il a fait - 10 °C la nuit dernière, et il faisait + 10 °C ce matin dans la maison, sans chauffage et avec quelques entrées d'air parasites. Ce qui n'est somme toute pas trop mal. La semaine prochaine je devrais pouvoir poser le poêle car je viens de récupérer les éléments de fumisterie*.

5 Le chauffage et l'inertie d'une maison ossature bois

Dimanche 9 juillet. En attendant la finale de la Coupe du monde, j'essaie de nouveaux mélanges pour mes briques de terre crue, et trouve le bon : une brouette de terre tamisée de mon terrain, douze poignées de sable, autant de sciure et une grosse truelle de chaux. L'ajout d'eau est assez délicat, il faut que la terre ait la consistance de la pâte à modeler, donc pas trop humide sinon les briques s'affaissent. Avec une brouette je fabrique dix briques. Il m'en faut environ 200 pour maçonner le bar/comptoir attenant au poêle... Mais c'est le genre de labeur que je pourrais confier aux amis de passage qui veulent mettre la main à la pâte, c'est un travail assez plaisant et ludique. Si la fabrication de ces briques de terre crue, ou adobes, est empirique, quelques trucs permettent d'évaluer la qualité de la terre : on roule un boudin entre les paumes de la main, le plus long possible, puis on le laisse se distendre en le tenant entre le pouce et l'index. S'il casse avant 5 cm, il faut ajouter de l'argile. Au-delà de 15 cm, il faut ajouter du sable. Entre les deux (c'est le cas de ma terre), c'est bien. Une « bonne » terre est constituée d'argile (15-18 %), de limon (10-28 %) et de sable (55-70 %). Ensuite on peut donc ajouter des copeaux (ou de la paille), de la chaux ou du ciment pour stabiliser le mélange, et faire des essais jusqu'à l'obtention de la bonne texture. Je me suis confectionné un moule de 12 cm de large par 25 de long et 7,5 de

Des briques sont maçonnées autour du poêle pour apporter de l'inertie.

hauteur avec une chute de parquet de châtaignier (mélèze, Douglas, chêne ou robinier faux-acacia font aussi l'affaire) qui ne pourrit pas dans l'eau. Avant de mouler les briques, je laisse tremper le moule dans l'eau. À chaque brique je l'humidifie et tapisse les parois de sable fin pour démouler plus facilement. Il faut que le moule soit propre, ainsi c'est mieux avec du bois raboté. Au moment de démouler, on claque le moule sur un support parsemé de sable, puis on tapote avec un petit marteau sur tout le fond du moule (on peut également travailler avec un moule sans fond). Je vais sans doute fabriquer des paires de moules, deux ou trois, histoire de perdre moins de temps et d'être un peu plus productif. Pour info, une adobe chez les négociants de matériaux écologi-

technique

Le bois face au feu

Le bois est un bon combustible, certes, mais une ossature bois ne brûle pas mieux qu'une maison conventionnelle. En effet, en brûlant, les pièces de bois s'autoprotègent grâce à la couche carbonisée, évitant des ruptures brutales, comme c'est le cas pour l'acier lorsqu'il atteint son point de fusion. Il ne se dilate que peu et la structure résiste plus longtemps. Les pompiers ont coutume de dire que le bois a « l'élégance de prévenir » avant de céder, il craque, contrairement à une ossature métallique, ce qui leur laisse le temps de sortir. Enfin, une construction écologique, si elle doit brûler, présente l'avantage de dégager moins de fumées toxiques, qui sont la première cause de mortalité dans les incendies.

❶ Tuyau double peau galva 280 mm
❷ Mélange chaux + vermiculite
❸ Anneau de maintien du conduit dans le chevêtre
❹ Chevron 60 x 230 mm
❺ Pièce de renfort du chevêtre 60 x 230 mm
❻ Abergement de toiture en galva

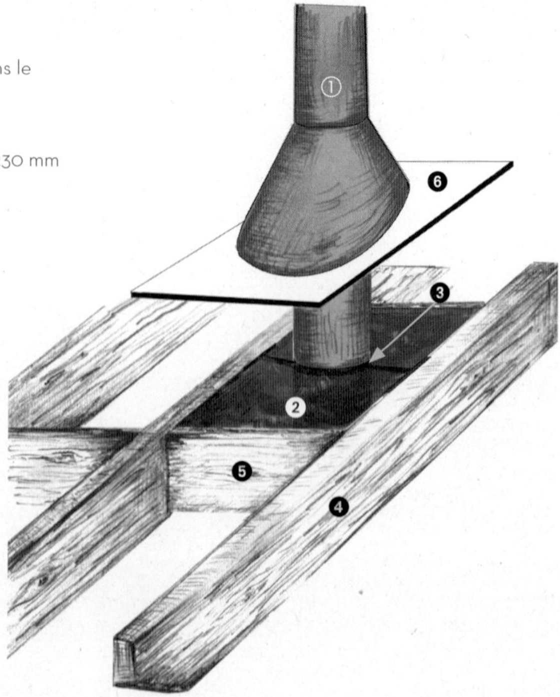

➲ Chevêtre de toiture. À l'intérieur, côté rampants, une plaque de Fermacell sert de coffrage au mélange chaux/vermiculite.

ques coûte environ un euro. Certes, elles sont mieux calibrées, et sans doute, mieux dosées.

4 novembre. Bon, l'été a passé, et je n'ai que 40 briques à mettre en œuvre. Comme je veux mettre en place le poêle assez vite, et que les briques doivent l'habiller, je maçonne celles que j'ai sous la main avec un mortier de chaux/sable dosé comme suit : 1 volume de chaux pour 3,5 volumes de sable. Le premier rang est posé en périphérie de deux plaques de Fermacell de 10 mm, qui font l'épaisseur du sol fini, ces deux plaques étant elles-mêmes couvertes d'une plaque en acier brut. La prise est assez rapide, et même si le mur est loin d'être terminé (j'attendrai soit l'été prochain pour refaire des briques, soit j'en achèterai cet hiver), je peux enfin positionner mon poêle sous la trémie du plancher cloué, et aligner les tuyaux les uns au-dessus des autres. D'abord des simples peaux en acier noir, puis des doubles peaux en inox-Galva qui traversent l'étage et la toiture. Selon le DTU (document technique unifié), les tuyaux doivent être caissonnés, ce que je ferai sans doute plus tard. Dans l'espace du chevêtre* de toiture, je déverse un mortier de chaux/Vermiculite* pour isoler le conduit des éléments de toiture, même si l'écart au feu* de 16 cm est respecté.

11 novembre. Après avoir attendu deux jours pour que le mortier sèche un minimum, j'allume enfin le feu dans le poêle, et là c'est un grand bonheur. D'abord le Stuv-30 tire très bien, ensuite les odeurs de peinture d'usine du poêle sont tout à fait supportables, il faut quelques jours pour qu'elles disparaissent complètement, d'où l'intérêt d'allumer son poêle quand il est encore possible d'aérer la maison.

Fin novembre. Après quelques journées un peu fraîches (températures négatives la nuit), la maison réagit assez bien. En laissant mourir le feu le soir vers 22 heures (20 °C dans toutes les pièces), la température tombe à 17 °C le matin, alors qu'il gèle dehors et que le garage attenant n'est pas isolé. Le principal reproche fait aux maisons ossature bois est leur faible inertie, donc leur faible capacité, l'hiver par exemple, à accumuler des calories dans des murs lourds pour les restituer plus tard. Or la sensation de confort est plus agréable lorsque les murs sont « chauds » plutôt que quand l'air ambiant est réchauffé uniquement. Une dalle béton au rez-de-chaussée compense en général assez bien ce défaut. On peut tout aussi bien construire un mur de refend en béton, ou banché avec de la terre crue, l'idéal étant que ce mur profite des apports du soleil l'hiver. Autre solution : doubler certains murs avec des adobes (briques de terre crue), mais cela suppose un plancher bien étudié pour supporter la charge supplémentaire. Bref, les solutions sont multiples mais il faut évidemment les intégrer dès le début du projet. En outre, il n'est pas forcément intéressant d'avoir trop d'inertie dans une maison en montagne si on s'en ab-

à retenir

Les installations de poêle à bois ou de chaudières à bûches ou granulés bénéficient d'un crédit d'impôt de 50 % sur la valeur hors taxe du matériel hors main-d'œuvre. Cependant, pour en bénéficier la pose et la fourniture doivent être réalisées par un professionnel. Certaines collectivités territoriales accordent également des aides pour ces installations.

❶ L'architecture intérieure a été pensée en fonction de l'emplacement du poêle, seule source de chauffage.

sente souvent. À chaque retour, il est beaucoup plus long de faire monter la maison en température. Il faut donc trouver la bonne combinaison entre mode de vie, climat local, moyens financiers. J'ai choisi en priorité des matériaux lourds, qu'il s'agisse de l'isolation (en ouate de cellulose donc), ou des parements, en Fermacell, qui apportent un minimum d'inertie. Je verrai à l'usage si ces choix sont les bons. J'ai longtemps hésité sur le choix du poêle, et notamment sur la puissance adéquate. J'ai opté finalement pour un appareil affichant 85 % de rendement (normes DIN[1]), et une puissance comprise entre 9 et 12 kW. L'avantage de ce poêle est qu'il me permet de brûler des bûches dont la longueur varie de 35 cm à 45 cm, ce qui laisse une bonne marge de manœuvre pour faire son bois, et gérer le poêle. En cette **fin novembre** j'ai le sentiment d'avoir fait le bon choix, on verra au cœur de l'hiver. En dehors des considérations esthétiques, il faut, en neuf en tout cas, se poser les bonnes questions sur l'em-

1. Les normes DIN sont des normes allemandes qui caractérisent la puissance et le rendement des appareils de chauffage, plus contraignantes que les normes françaises.

placement du poêle dans la maison et le volume à chauffer. Il faut également tenir compte de l'isolation et du mode de chauffage. Ce poêle est l'unique moyen de chauffer la maison (en dehors des apports solaires et du complément apporté par le puits canadien), d'où un dimensionnement un peu conséquent. Mais s'il devait être un simple appoint d'un chauffage central, hydraulique ou autre, notamment en demi-saison, j'aurais choisi un modèle moins puissant, plus petit. Une autre solution consiste à investir dans un poêle bouilleur, à granulés par exemple, qui alimente des tuyaux dissimulés dans un mur de refend en béton, ou en terre. Ce qui permet de bénéficier d'une masse thermique importante, l'idéal étant qu'elle traverse la maison de bas en haut. Cette solution peut également être utilisée en rénovation, car elle permet de s'affranchir des cloisons qui souvent bloquent la circulation de l'air chaud dans le bâti ancien. On obtient en outre une chaleur radiante et douce diffusée par les murs, ce qui augmente le confort thermique des habitants. Seules faiblesses du système, l'alimentation électrique des poêles à granulés, et le coût du combustible déjà trop élevé.

éclairage

Inertie à la carte

« Il faut d'abord prendre en compte les habitudes de vie, et les conditions géographiques et climatiques du lieu d'habitation. Il faut déterminer à la fois quelle inertie on recherche et où mettre cette inertie en fonction des besoins et des apports solaires : par exemple déphaser les apports solaires en hiver par les baies, ou ceux sur la toiture en été. Il est important de déterminer la classe d'inertie (déphasage plus ou moins long) en fonction des ouvertures au sud. Il ne faut pas sous-dimensionner l'inertie si on a de grandes ouvertures au sud, sinon on s'expose à des surchauffes, notamment en mi-saison. Ainsi en zone de montagne, de grandes ouvertures au sud permettent de capter les apports solaires de mars-avril, quand le rayonnement solaire est fort et les températures extérieures encore négatives. Si on ne peut pas stocker ces calories dans des parois lourdes, non seulement on risque d'avoir trop chaud dans la journée mais en plus le soir venu la maison se refroidira rapidement. En ossature bois une dalle de béton (ciment ou chaux) au rez-de-chaussée est une bonne solution, mais il faut isoler celle-ci en périphérie pour conserver les calories emmagasinées. Une dalle en bois massif a également une bonne capacité thermique, mais il ne s'agit que d'inertie quotidienne dans ce cas-là. Le système Fermacell plus ouate de cellulose apporte également une inertie quotidienne, avec un déphasage d'environ douze heures, optimum pour pratiquer le rafraîchissement par ventilation nocturne en été. Cette inertie modérée permet en outre de chauffer rapidement la maison lorsqu'on s'est absenté quelque temps ».

Jean-Pierre Oliva, consultant et formateur en architecture écologique

6 Le bois à l'extérieur : bardage et terrasses

28 octobre. Nous avons commencé par la pose du bardage sur le pignon est, au-dessus de la toiture terrasse végétalisée, qui ne l'est pas encore et ne le sera probablement qu'au **printemps 2007**. Les lames de bardage sont en Douglas brut, non raboté. Elles font 27 mm d'épaisseur pour 150 mm de large. Il aurait sans doute été préférable de travailler avec des bois rabotés, qui permettent un meilleur ruissellement de l'eau, mais vu l'épaisseur des lames je pen-

❶ Lames de bardage en Douglas 27 x 150 mm

❷ Couvre joints en mélèze 18 x 60 mm cloués sur tasseaux

❸ Coupe à 30° en pied de bardage pour éviter les remontées d'eau par capillarité

❹ Tasseaux 27 x 40 mm interrompus pour faciliter la ventilation du bardage

❺ Grillage anti-rongeurs

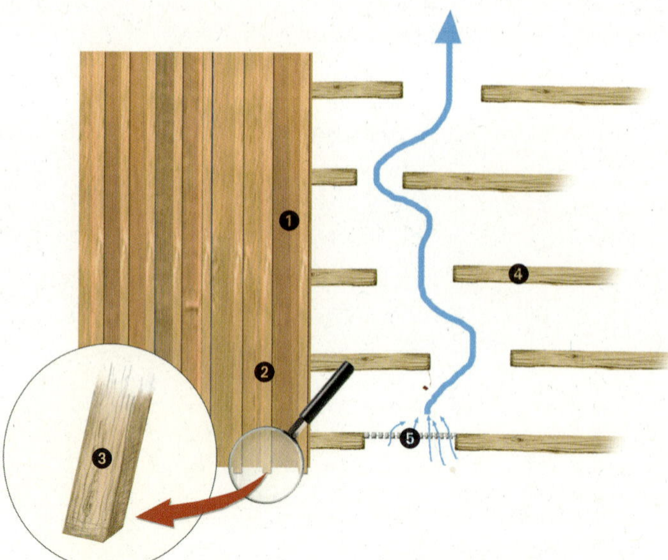

Bardage vertical avec lames d'air.

se qu'il est là pour un moment. *A contrario* les bois rabotés mis en œuvre en bardage gercent (se fendent) plus facilement lorsqu'exposés à des chocs thermiques. Mon choix est également un parti pris esthétique car j'aime l'aspect brut du bois non raboté. Le bardage est posé verticalement, ce qui est préférable à une pose horizontale pour une plus grande durabilité, car l'eau ruisselle dans le fil du bois. Les lames sont clouées avec des pointes Galva de 70 mm (qui ne rouillent pas et ne provoquent pas de traînées sur les lames) sur des tasseaux de 27 mm par 50 mm fixés horizontalement sur l'Agepan (tous les 50 cm) et interrompus régulièrement pour créer une lame d'air, favoriser la ventilation derrière le bardage, et permettre à l'eau qui éventuellement s'infiltrerait (par un nœud, une fente, etc.) de s'égoutter aisément. L'autre solution consiste à poser les tasseaux en diagonale. La ventilation des sous-faces de bardage est également utile pour la thermique d'été car elle évite tout rayonnement de la paroi vers l'intérieur et rafraîchit celle-ci. Un grillage anti-rongeurs a été fixé en pied de bardage, pour éviter aux petites bêtes de venir s'installer derrière les lames. Il aurait été judicieux de poser également une zinguerie en pied de bardage,

Le bardage du pignon est terminé, il reste à poser des parecloses définitives autour de l'ouvrant, mais en février 2007 le mélèze séchait encore.

à retenir

Une commune peut très bien interdire qu'une ossature bois soit habillée de bardage et imposer un crépi. Outre le fait que cela soit très dommage, ce genre de décision complique la mise en œuvre technique car il faut modifier la vêture de la maison pour pouvoir réaliser un enduit hydraulique. Le surcoût est souvent important, mais il existe des solutions techniques, telles que des laines de bois que l'on peut ensuite crépir.

pour permettre à l'eau de s'écouler correctement via la zinguerie et ne pas risquer de trop humidifier le bois. Je ne l'ai pas fait pour des raisons de temps, en revanche j'ai biseauté toutes les coupes des lames en bas pour permettre à la goutte d'eau de tomber plutôt que de venir glisser sur le chant de la lame de bardage. Les lames sont espacées d'environ 5 mm les unes des autres, un couvre-joint en mélèze de 18 mm par 60 mm est ensuite cloué sur ce jour. Il faut réussir à clouer entre les deux lames, dans l'espace de quelques mm, pour aller chercher le tasseau derrière, ce qui permet aux lames de bardage et aux couvre-joints de travailler sans risquer de s'abîmer. Ceci dit vu le temps de séchage de mes lames de Douglas et leur faible taux d'humidité, il est peu probable que le bois travaille encore beaucoup. Je me suis en fait inspiré du bardage tel qu'il se pratiquait traditionnellement sur les granges du Trièves. J'ai choisi du Douglas à la fois par commodité (c'est l'essence de bois que nous avons principalement scié pour la maison), et pour sa bonne résistance aux insectes et aux champignons. Comme nous l'avons déjà expliqué précédemment, le Douglas purgé d'aubier est classe 3 (cf. tableau page 19), tout comme le mélèze, qui aurait fait l'affaire également. J'aurais pu également utiliser du chêne, ou encore du châtaignier, tous deux résistant bien aux intempéries, mais le chêne est inabordable et le châtaignier, chargé de tanins*, a tendance à dégouliner. Quant au robinier faux acacia, qui est en classe 4, il est introuvable en bardage pour l'instant. Mais il existe d'autres solutions. D'abord, le bois traité haute température, également appelé rétifié, un procédé qui

technique

Quelques règles pour le bardage

L'espacement entre les tasseaux qui supportent les lames de bardage ne peut pas être supérieur à 60 cm, et la longueur des clous doit être égale à au moins 2,5 fois l'épaisseur de la lame de bardage. Il faut utiliser des clous en acier inoxydable, et si l'on travaille au marteau à défaut d'avoir un cloueur, il ne faut pas chercher à enfoncer la pointe plus que de raison pour éviter l'effet « yeux de hibou » (une sorte de trou disgracieux autour de la tête du clou). Enfin, il faut veiller à laisser un espacement d'au moins 15 à 20 cm entre le bardage et le sol, pour éviter les remontées d'eau par capillarité et les projections lors de fortes pluies. Un lit de galets en pied de bardage permet de limiter les projections.

consiste à cuire le bois à haute température pour lui conférer une résistance accrue aux champignons. L'avantage, grâce au procédé de « cuisson » du bois, est que l'on peut utiliser des essences de bois qui ne sont pas adaptées pour un usage extérieur comme le bardage. L'inconvénient est la relative fragilité du bois rétifié, plutôt cassant et fissile. L'autre alternative est le bois thermo-huilé. Il est imprégné en profondeur d'huiles végétales et d'adjuvants naturels. Le bain d'huile ne contient aucun produit nocif pour l'environnement. Ce bois est commercialisé depuis peu par une entreprise basée dans le sud de la France[1], et constitue sans aucun doute une

Différents types de poses de bardage

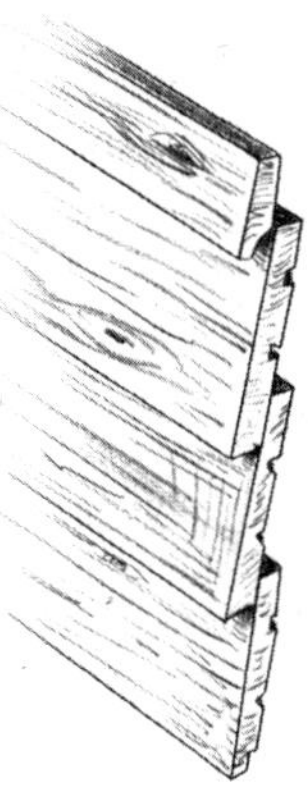

❶ Clins feuillurés

❷ Frises feuillurées

❸ Planches à simple recouvrement

❹ Planches rainurées

1. La société Oléobois vend des bardages et des platelages en Douglas et châtaignier thermo-huilés.

Malgré l'aspect rustique des sciages, la pose verticale du bardage confère à la maison un côté assez contemporain. Une coursive en bois sera montée sur cette façade.

solution d'avenir. L'entreprise propose pour l'instant du châtaignier et du Douglas thermohuilés. Il faut compter entre 18 et 25 € du m² pour du bardage en Douglas.

Je ne sais pas si mon bardage durera aussi longtemps qu'un bardage thermohuilé ou rétifié, je sais qu'il grisera avec le temps, pour les parties les plus exposées à la pluie et au soleil. Mais cela ne me dérange pas, au contraire, je trouve que ce grisaillement per-met aux habitations de mieux s'intégrer dans l'environnement. Et quelle plaie d'avoir à entretenir régulièrement un bardage pour qu'il garde sa teinte d'origine ou en tout cas qu'il ne grise pas trop. Le bois vit et vieillit, à quoi bon lutter. Si l'on veut ensuite conserver la teinte naturelle du bois, il faut lasurer le bardage ou le protéger avec de l'huile de lin par exemple. Il existe par ailleurs sur le marché nombre de bardages industriels, offrant des garanties sur les durées de vie plutôt fiables, souvent au-delà de quinze ans. J'exclus les bardages en PVC, qui sont une aberration à mon sens. Ce sont par exemple des bardages mêlant bois et résines, fabriqués en Allemagne, de belle facture mais chers… Ou des bardages peints en usine.

Un petit mot tout de même sur les bardeaux, encore appelés tavaillons dans le Jura, sorte de tuiles en bois (mélèze, robinier, red cedar, Douglas) formant un ensemble homogène. Le bardeau n'est pas toujours autorisé, hormis dans quelques régions françaises où c'est un mode de couverture et de vêture traditionnel : dans le Haut-Jura sur les façades sud, en Haute-Savoie, dans le Limousin.

J'ai prévu de réaliser deux terrasses extérieures, en Douglas ou en mélèze, mais les travaux se feront sans doute durant l'été 2007. Je choisirai probablement des bois rabotés et usinés, car un platelage en bois brut n'est pas des plus confortables, à moins d'avoir la plante du pied solide comme du cuir. En outre les terrasses sont plus exposés que le bardage car l'eau y stagne, et le DTU (document technique unifié) préconise des bois traités classe 4.

Dessin en coupe de la liaison entre le bardage et le larmier.

1. Montant d'ossature 47 x 143 mm
2. Larmier
3. Lame Douglas 27 x 150 mm
4. Couvre-joint 18 x 60 mm
5. Tasseaux 27 x 40

éclairage

Traitements préventifs

« Lors du choix d'une essence pour un bardage ou un platelage, il faut prendre en considération la situation géographique de la construction. Ce qui est valable à 1 200 m d'altitude ne l'est pas en climat océanique. Ainsi, les aspects d'usure liés à une exposition océanique (vents violents, agression par les sels, humidité relative de l'air plus élevée) imposent des bois de classe 4, donc traités. Ou protégés par des lasures efficaces. Il faut distinguer la protection contre les attaques de champignons, et la préservation esthétique des bois. Quant aux insectes, il ne faut pas craindre les traitements préventifs, car cela reviendra toujours moins cher qu'un traitement curatif. Et là, attention aux arnaques car nombre d'entreprises profitent du créneau. Le CTBA a certifié une bonne centaine d'entreprises compétentes pour ces traitements ».

Éric Heisel, CTBA (Centre technique du bois et de l'ameublement)

7 Le chauffe-eau solaire individuel (CESI)

Fin octobre. Le trou laissé en toiture depuis **août** est enfin comblé par les panneaux solaires et une fenêtre de toiture. Le système utilisé est proposé par Vélux, il permet d'associer dans un même ensemble des panneaux solaires et une fenêtre de toiture. L'intérêt est esthétique, et technique puisque l'entourage et les découpes de tuiles ne concernent qu'un ensemble. Il nous a fallu, avec l'aide du plombier et d'un charpentier, une journée pour les poser. Les panneaux sont posés comme des fenêtres, mais sans chevêtre, sur les liteaux. Il faut interrompre les liteaux pour permettre le passage des tuyaux d'alimentation, puis leur faire traverser la toiture. L'idéal voudrait que la salle de bain, ou le cumulus, se trouve juste derrière. Malheureusement celui-ci se trouve au nord, et les panneaux étant au sud, il y a un peu de distance à parcourir. Il va donc falloir trouver des astuces pour dissimuler leur passage, d'autant plus difficile que leur diamètre avoisine les 50 mm. J'ai opté pour trois panneaux solaires de 114 x 118 cm, totalisant un peu plus de 4 m^2, ce qui doit être suffisant pour couvrir au moins 60 % des besoins en eau chaude des habitants de cette maison. Une résistance électrique placée dans le chauffe-eau de 300 litres prend le relais lorsque le soleil ne brille pas. Ce n'est pas l'appoint idéal, mais je n'avais pas le choix, n'ayant pas de poêle bouilleur ou de chaudière. J'ai longtemps hésité à investir dans cette installation, relativement chère au départ, environ 6 500 €, sans les aides des collectivités territoriales (300 €) et le crédit

❶ Sud
❷ Capteurs à 45°
❸ Distribution d'eau chaude
❹ Appoint électrique
❺ Fluide caloporteur en circuit fermé
❻ Arrivée d'eau froide
❼ Cumulus

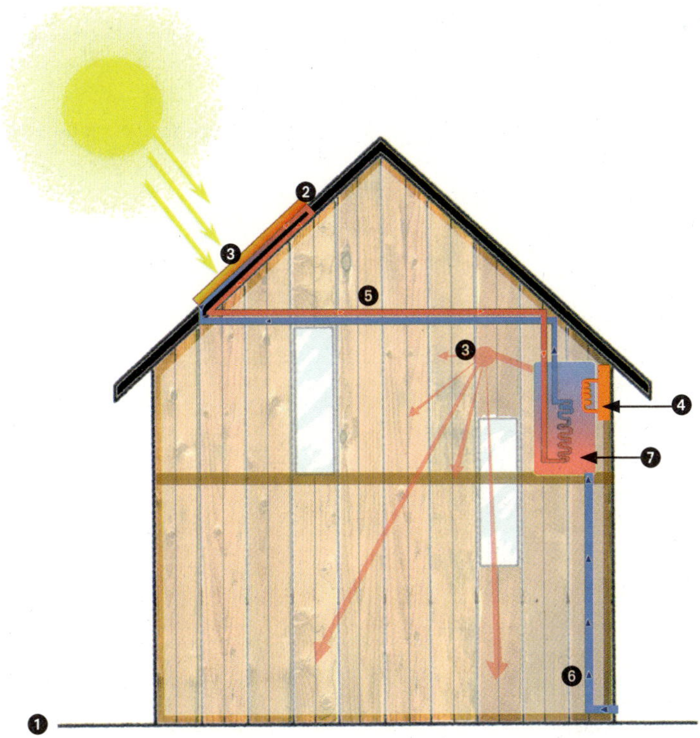

Circuit d'un chauffe-eau solaire individuel.

à retenir

Il faut effectuer les demandes d'aides auprès des collectivités territoriales (Conseil général, Région) avant d'entamer les travaux. Pour cela il faut remplir un dossier et fournir (en Rhône-Alpes et Isère en tout cas), une lettre type de demande de subventions, un devis établi par un installateur agréé « Qualisol », une fiche descriptive de l'installation, un relevé d'identité bancaire ou postal. Toutes ces informations sont disponibles auprès des points info-énergie de chaque département (www.ademe.fr/particuliers/PIE/InfoEnergie.html).

d'impôt (2500 €). J'ai également hésité parce que le terrain étant arboré, les panneaux, bien qu'exposés au sud sur une toiture raide (45 °), ne bénéficieront pas d'un ensoleillement maximum à cause de la présence de ces masques. Un logiciel en ligne[1] permet de calculer la productivité annuelle des capteurs et le taux de couverture solaire (il n'est pas inutile de contacter les points info-énergie de votre département pour utiliser correctement ce logiciel). Il ne s'agit que d'estimations mais cela permet d'évaluer la quantité d'énergie nécessaire pour chauffer l'eau lorsque le soleil ne brille pas. J'arrive ainsi à un taux de couverture solaire annuel de 65,6 %. C'est-à-dire qu'il me faudra prendre les 34,4 % restants sur le réseau EDF, environ 700 kWh par an. Avec un coût du kWh de 0,10 € TTC, cela représente 70 euros par an, quand le solaire m'en fait économiser 154. Mon installation sera donc amortie en 20 ans environ, soit la durée de vie estimée du matériel. Ce qui signifie qu'a priori le solaire thermique ne me fera pas économiser d'argent sur le long terme. Mais cela suppose que le prix de l'énergie primaire demeure le même, or il y a de fortes chances pour qu'il augmente. Et quand bien même je ne réaliserais pas d'économies, j'aurais durant 20 ans évité de « tirer » sur le réseau, ce qui me semble être déjà un argument suffisant pour envisager ce type d'installation, l'investissement étant simplement plus important au début. Ce temps de retour sur amortissement reste très théorique, les chiffres avancés par l'AGEDEN (Énergies renouvelables en Isère) donnent entre 10 et 20 ans en moyenne. Le problème aujourd'hui est lié au

éclairage

Pourquoi pas un chauffage solaire ?

« Il existe deux techniques principales de chauffage solaire, le plancher solaire direct, et le système combiné. L'une et l'autre permettent d'alimenter un chauffage hydraulique dans une dalle béton pour obtenir un plancher chauffant basse température. L'avantage c'est que l'on peut ensuite faire évoluer l'installation et substituer au solaire une autre source d'énergie, un chauffage au bois par exemple. Il faut compter environ 1 m² de capteurs pour 10 m² de surface de plancher, et entre 1500 et 1700 euros du m². Dans une maison très bien isolée et bénéficiant d'apports solaires passifs importants, une telle installation peut être moins appropriée ».

Karine Renard, chargée de mission solaire à l'AGEDEN

1. Sur le site de www.tecsol.fr.

↻ Pose des trois panneaux solaires (4 m²). et de la fenêtre de toit

coût des installations, qui a augmenté, essentiellement pour deux raisons : d'une part la demande est supérieure à l'offre, d'autre part le système d'aides entraîne des effets pervers, les professionnels s'autorisant à augmenter allègrement leurs tarifs. Eux justifient ces tarifs par l'augmentation du coût des matières premières. Quelques petites astuces permettent cependant de réduire la consommation électrique, par exemple en réglant la température du chauffe-eau sur 50 ou 55 °C plutôt que 60, et en programmant une pointe hebdomadaire à 65 °C pour tuer d'éventuelles bactéries, en particulier celles de la légionellose, susceptibles de se développer lorsque la température est inférieure à 60 °C. Ou en pensant à couper l'alimentation de la résistance électrique lorsque l'on s'absente pour le week-end, ou durant les vacances.

Mardi 12 décembre. Le chauffe-eau est enfin raccordé aux panneaux, mais la résistance électrique n'est pas opérationnelle, et après deux jours de soleil, l'eau avoisine déjà les 40 °C dans le cumulus, alors qu'il fait zéro dehors. Autant dire que les quelques heures de soleil ont permis d'atteindre une température convenable, sans appoint électrique.

Conclusion

Cette chronique se termine, la maison pas tout à fait en cette fin 2006. Le chantier aura finalement été assez rapide, et la collaboration avec les différentes personnes y intervenant enrichissante, passionnante. Être entouré des bonnes personnes au bon moment demeure la clé d'une autoconstruction réussie. Si j'avais dû faire l'essentiel des travaux moi-même, à l'heure qu'il est, je ne serais pas confortablement installé au coin du poêle pour rédiger cet ouvrage.

En outre je reste persuadé que l'on fait beaucoup plus d'erreurs seul, sauf si ce n'est pas la première expérience d'autoconstruction. La solution consiste à prendre le temps, en amont, pour réfléchir au projet, rencontrer des professionnels, d'autres autoconstructeurs, se documenter, faire les bons choix de matériaux, trouver les solutions techniques adéquates. Ensuite il est opportun de juger quels compromis l'on peut faire, financièrement et techniquement. On se réservera ainsi certains postes du chantier que l'on estime pouvoir réaliser, on fera appel à une entreprise pour d'autres.

L'embauche d'une personne « multicarte » capable de vous assister durant une bonne partie du chantier, notamment là où vous êtes le moins à l'aise, est je pense la solution idéale. Mais ce type de personne ne se trouve pas au premier coin de rue. Enfin, le travail avec un architecte évite bien des galères, surtout si le travail de conception est très bon, comme cela était le cas pour ce projet. On ne passe pas son temps ensuite à se demander où mettre telle cloison, ou à se rendre compte que ce que l'on avait projeté sur le papier

Une coursive-terrasse habillera la façade sud et le bassin sera ensuite comblé avec de la terre.

ne fonctionne plus du tout en réalité. Mon objectif était de réaliser cette maison assez rapidement, pour ne pas passer des années à la terminer, et pouvoir prendre un peu de temps pour écrire cette chronique.

Certes, en cette fin 2006 il reste nombre de finitions (le bardage n'est pas terminé, le parquet n'est pas posé au rez-de-chaussée, les rampants ne sont pas habillés, les peintures ne sont pas réalisées), mais je prendrai le temps de les faire tranquillement, au chaud, sans me précipiter. Dans les premiers frimas de l'hiver (-5 °C la nuit), l'enveloppe réagit bien. La maison se chauffe vite, l'emplacement du poêle est parfait pour chauffer l'ensemble, même les pièces les plus éloignées, ce qui me satisfait pleinement. Le moindre rayon de soleil contribue également au confort de la maison, et je peux me permettre de laisser mourir le feu dans la journée même s'il fait zéro dehors. Je verrai au plus fort de l'hiver si la maison est aussi performante, et si l'inertie apportée par les briques de terre crue autour du poêle fait une différence notable.

D'ici un an je devrais pouvoir évaluer la consommation en énergie du bâtiment, j'ai fait le pari que 5 stères de bois suffiraient pour le chauffage (région de moyenne montagne, 755 m d'altitude), 700 kWh d'appoint électrique pour l'eau chaude solaire, 2500 kWh pour l'électricité spécifique (appareils ménagers, éclairage). Je devrais donc consommer entre 50 et 60 kWh/m^2/an pour le chauffage et l'eau chaude, et moins de 80 kWh/m^2/an toutes énergies confondues. Pour réduire par quatre les émissions actuelles de CO^2, il faudrait que chaque construction neuve (en fonction de la zone climatique) consomme maximum 50 kWh/m^2/an pour le chauffage et l'eau chaude.

Et si c'était à refaire demain? Je ne changerais pas grand-chose, ni la manière dont le chantier s'est déroulé, ni la conception de la maison; il paraissait difficile de faire différemment vu les contraintes du terrain. Mais sur un autre terrain, dans un autre lieu...

Sans doute utiliserais-je d'autres matériaux en association avec le bois, telles que les adobes, la paille, accessibles en autoconstruction. Peut-être essaierais-je de construire avec d'autres, en m'intéressant à l'habitat groupé, plus pertinent d'un point de vue urbanistique et écologique que la réalisation de « sa » maison individuelle. Et en visant une consommation énergétique inférieure à 50 kWh/m²/an. Mais c'est une autre histoire.

Le premier et plus grand plaisir, c'est d'accueillir sa famille et ses enfants dans un espace fonctionnel et agréable à vivre.

faitage 7.50
600
1200
375

Annexes

Budget

L'outillage

Glossaire

Adresses et blogs

Bibliographie

A Budget

J'ai embauché durant une bonne partie du chantier John, un débrouillard, bricoleur professionnel au service d'autoconstructeurs, avec lequel nous avons tout fait ou presque. Sans compter l'aide ponctuelle de quelques amis, et régulière de mon père. Les seuls travaux auxquels je n'ai pas pris part concernaient l'insufflation de la ouate de cellulose, l'étanchéité de la toiture terrasse, l'installation du chauffe-eau solaire, la pose des vitrages des châssis fixes. Ce budget est donné à titre indicatif, le coût des matériaux évoluant d'une région à l'autre, d'une semaine à l'autre. Certains tarifs ont été par ailleurs négociés à la baisse grâce à des commandes groupées de matériaux.

Les coûts de la construction

Achat du terrain	47 000 €
Viabilisation	3 000 €
Raccordement eau	1 000 €
Achat du bois + transport	7 416 €
Terrassement	3 000 €
Maçonnerie (vide sanitaire)	5 000 €
Dimensionnements et plans d'exécution	1 200 €
Puits canadien	400 € dont 300 € pour les tubes PVC, raccords, culottes, sable, graviers ronds, 100 € pour la tranchée. Il manque le ventilateur.

Montage charpente, ossature, toiture avec un charpentier	24 000 €
Eau chaude solaire (kit incluant une fenêtre de toit)	7 100 €
Étanchéité toiture terrasse	3 500 €
Chauffage (achat + pose poêle)	5 500 €
Châssis fixes (fourniture et pose de 16 vitrages fixes)	1 900 €
Plancher cloué : fourniture du bois uniquement	3 000 €
Cuve de récupération d'eaux pluviales (auto-construction à deux)	700 €
Plomberie, sanitaire, électricité (fournitures)	5 700 €
Consuel (agrément installation électrique : deux visites)	260 €
Menuiseries : ouvrants en mélèze (baie vitrée de 5,4 m + 7 fenêtres), porte d'entrée, porte de garage en sapin 27 mm, panneaux trois plis épicéa (20 m^2)	8 595 €
Isolation (insufflation en ouate de cellulose réalisée par une entreprise – rampants, murs, solivage, cloisons des chambres)	8 000 €
Panneaux de contreventement murs et toiture Agepan DWD	2 375 €
Fermacell	2 340 €
Platelages au rez-de-chaussée et à l'étage en panneaux de bois Livingboard (OSB)	2 430 €
Poutre lamellé-collé 20 cm x 66 cm x 600 cm	400 €
Frein-vapeur	945 €
Stepisorel (isolant phonique de 7 mm)	185 €
Embauche d'un aide à l'autoconstruction	8 000 €
Frais d'architecte (dossier permis)	4 400 €
Outillage	2 000 €
Diverses fournitures	1 061 €
Visserie, clouterie, colles PU	1 856 €
Coût total de la construction (crédit d'impôts + subventions pour le CESI déduits)	**109 463 €**
Soit au m^2 habitable	**951 €**

L'outillage

Cette liste n'est pas exhaustive, mais elle donne une petite idée de l'outillage nécessaire pour un chantier d'ossature bois, auquel il faut ajouter le matériel spécifique aux autres corps de métier (électricité, plomberie, maçonnerie, plâtre, etc.). Précisons par ailleurs que j'ai eu accès durant toute la durée du chantier à un atelier (dégauchisseuse, scie à ruban, raboteuse), sans lequel mon chantier aurait été plus compliqué.

Rabotage des bois à l'atelier de charpente.

Outillage personnel	Outillage extérieur
une scie circulaire sur rail	une scie radiale
un rabot de 60 mm	une scie circulaire (profondeur de coupe 85 mm)
une très bonne visseuse	une scie circulaire (profondeur de coupe 150 mm)
un perforateur	un cloueur pneumatique
une petite disqueuse	un rabot de charpente (largeur 115 mm)
une scie sauteuse	un laser
un aspirateur de chantier	une perceuse
une tronçonneuse	une lamelleuse
petit matériel (scies égoïnes, marteaux, ciseaux à bois, clés, mètres, niveaux, règle alu, fil à plomb, etc.)	une scie-sabre
	une ponceuse à bande
	une défonceuse

Un cloueur pneumatique est probablement l'investissement le plus rentable.

Glossaire

Arasée : semelle supérieure des murs de parpaings en béton armé et ferraillé, sur laquelle s'ancre la lisse très basse d'une ossature bois.

Aubier : partie tendre extérieure du bois, de couleur jaune dans le Douglas, sujette à l'attaque de champignons et d'insectes qui y trouvent différents éléments nutritifs (sucres, amidon).

Bandeaux de toiture : planches de bois qui marquent la limite de la toiture, permettant la pose du premier rang de tuiles et l'accrochage des chéneaux.

Bille de bois/grumes : troncs bruts abattus et ébranchés, de différentes longueurs.

Bioclimatisme : le bioclimatisme est fondé sur quelques principes assez simples : l'intégration paysagère et climatique, la conception et l'usage des matériaux à bon escient, la compacité du projet, les espaces-tampons au nord, le solaire passif grâce à de larges ouvertures au sud, etc.

Bouveter : assembler par un système de rainures et languettes.

Chanfreiner : on réalise un chanfrein sur une pièce de bois en rabotant les arêtes.

Chant : tranche d'une planche.

Châssis fixe : vitrage enchâssé entre des pièces de bois, les parecloses.

Chevêtre : pièce (s) de bois permettant de reprendre les efforts d'un plancher, d'une toiture, pour ménager une ouverture (chevêtre du conduit de cheminée, par exemple).

Chevrons : pièces de bois de la longueur du rampant de toiture, constituant la trame de la toiture.

Conductivité thermique (lambda) : définit la conductivité thermique d'un isolant, autrement dit la propriété d'un matériau à transmettre la chaleur. Plus la valeur est faible, plus le matériau est isolant.

Contre-latte : petite section de bois (27 mm x 40 mm) clouée perpendiculairement aux chevrons, sur l'écran de sous-toiture (souple ou en panneau).

Contreventement : il a pour but d'assurer la rigidité du bâtiment et sa résistance aux efforts du vent.

Dégauchir : travailler une pièce de bois pour la rendre plane.

Déphasage : le déphasage, ou encore la diffusivité thermique, est la propriété d'un matériau à laisser transiter plus ou moins rapidement les calories. En été, un matériau d'isolation assurant un bon déphasage (chiffré en heures), permet à la maison de rester fraîche dans la journée, toutes proportions gardées. Sans déphasage, la maison suit presque instantanément les variations de la température extérieure.

Descentes de charge : ce sont toutes les charges localisées qui s'exercent depuis le faîtage jusqu'aux fondations de la maison.

Dormant : partie fixe d'une fenêtre, dans laquelle vient se fixer l'ouvrant grâce à des gonds.

Duramen : cœur du bois qui renferme des antiseptiques naturels, tels que tanins et résines. Il est donc plus résistant aux attaques biologiques. Sa durabilité détermine la classe de résistance du bois.

Écart au feu : norme de sécurité imposant une distance entre la paroi intérieur d'un conduit de cheminée et le matériau le plus proche (16 cm pour conduits inox-galva double-peau).

Écharpe : pièce de bois placée en diagonale d'un mur par exemple pour contreventer celui-ci.

Effusivité thermique : rapidité à laquelle un matériau absorbe des calories. Plus elle est élevée, plus le matériau en absorbe sans s'échauffer.

Encluseau : planche de bois clouée entre deux chevrons pour limiter la torsion de ceux-ci et fermer le bas de la toiture.

Entraxe : distance entre les deux axes de deux montants de bois.

Entretoise : planche de bois clouée entre deux solives pour rigidifier la structure d'un plancher par exemple.

Épure : tracé grandeur nature au sol d'un meuble, d'un escalier, d'une ferme en plusieurs dimensions.

Faîtage : une – ou plusieurs poutres – supportant le sommet d'une toiture.

Ferme : assemblage de différentes pièces de bois par triangulation pour supporter une toiture. Le faîtage s'appuie en général sur les fermes.

Flambement : montant de bois vertical soumis à une trop forte charge et qui se courbe.

Fumisterie : éléments constitutifs d'un conduit de cheminée.

Giron : largeur moyenne des marches d'un escalier, mesurée sur la ligne de foulée.

Hydrofuge : résistant à l'eau.

Ignifuge : résistant au feu.

Lambourdes : poutres de petite section sur lesquelles on cloue un parquet.

Larder : action de clouer une planche sur le côté, en diagonale.

Lés : « feuilles » souples de pare-pluie, ou de frein-vapeur, de différentes longueurs et largeurs que l'on assemble entre elles.

Ligne de foulée : ligne fictive empruntée par l'utilisateur d'un escalier, située à l'axe de l'emmarchement (au milieu de l'ensemble des marches).

Limons : planches de bois supportant les marches d'un escalier.

Lisses très basses : il s'agit des lisses directement boulonnées sur la maçonnerie. Elles assurent l'ancrage de la maison.

Lisses basses : ce sont les lisses qui composent la partie basse des murs d'ossature.

Lisses très hautes : il s'agit des lisses qui liaisonnent tous les murs entre eux.

Lisses hautes : lisses supérieures des murs.

Liteaux : petites sections de bois (en général 27 x 27 mm) sur lesquelles sont posées les tuiles.

Liteler : action de mettre les liteaux en place.

Maison passive : l'objectif des maisons passives, concept développé en Autriche (label Passivhaüs) et en Suisse notamment (label Minergie), est de concevoir des maisons consommant très peu d'énergie (moins de 19 kWh/m²/an), grâce à des enveloppes particulièrement étanches. Ces maisons comportent souvent 30 cm d'isolant dans les murs et en toiture.

Muraillère : pièce de bois clouée, vissée ou encore boulonnée contre un mur et supportant les solives d'un plancher par exemple.

OSB : panneaux de particules de bois utilisés pour contreventer et/ou pour des aménagements intérieurs.

Ouvrant : partie libre et amovible d'une fenêtre.

Panne : grosse section de bois traversant la toiture dans le sens du faîtage sur laquelle sont cloués les chevrons.

Parecloses : planches de bois clouées et vissées de part et d'autre d'un vitrage et constituant ainsi un châssis fixe.

Perspirants : terme développé par Jean-Pierre Oliva, consultant et formateur en architecture écologique, désignant la faculté des murs à laisser transiter la vapeur d'eau de l'intérieur vers l'extérieur.

Platelage : ensemble de lames ou panneaux de bois constituant une surface plane, telle qu'une terrasse.

Pont thermique : point de faiblesse dans l'enveloppe d'un bâtiment (un conduit de ventilation, les liaisons murs-planchers, etc.) diminuant son efficacité thermique.

Refend : mur porteur intérieur. Dans le vide sanitaire le refend est constitué d'une poutre porteuse.

Réglementation thermique : cette réglementation incite les maîtres d'ouvrage et maîtres d'œuvre à prendre en compte toutes les possibilités d'amélioration de la performance énergétique du bâtiment dans un cadre technique précisé par les textes.

Rive (bois de) : solives qui ceinturent un plancher en bois, en assurant le chaînage.

Sablière : pièce de bois recevant les chevrons en pied de toiture.

Siccatif : solution composée de sels métalliques et de solvants organiques. Les sels métalliques accélèrent par catalyse le séchage des huiles siccatives naturelles.

Sifflet : assemblage de deux pièces de bois à l'aide d'une coupe en sifflet (en biais).

Solivage : ensemble des solives constituant la trame d'un plancher.

Solive : pièce porteuse de plancher. La portée maximum est en général de 4,5 m, pour des entraxes compris entre 30 et 60 cm.

Tanins : substances d'origine végétale conférant au bois sa durabilité (tanins du châtaignier, du chêne).

Tire-fond : vis métallique que l'on frappe au marteau puis que l'on visse avec une clé.

Tire-fort : palan manuel permettant de lever de lourdes pièces.

Trémie : espace laissé ouvert dans un plancher, ou un rampant, pour le passage d'un escalier, d'un conduit, etc.

Vermiculite : la vermiculite est un silicate d'alumine et de magnésie. Elle est d'origine naturelle, mais produite par chauffage à des températures telles que le matériau ne fond pas mais se dilate.

Adresses et blogs

Les organismes de la filière bois et des énergies renouvelables

CNDB

www.bois-construction.org
01 40 55 14 98
Le Comité national pour la promotion du bois encourage la construction en bois et a développé des formations à destination des professionnels sur la maison à ossature bois.

AFCOBOIS

Association des entreprises françaises de construction bois
www.maisons-bois.org
01 40 55 14 98

CTBA

Centre technique du bois et de l'ameublement
www.ctba.fr
01 40 19 49 19

FNB

Fédération nationale du bois
www.fnbois.com
01 56 69 52 00

FNCAUE

Fédération nationale des conseils d'architecture, d'urbanisme et de l'environnement.
www.fncaue.asso.fr
01 43 22 07 82

www.maison-bois.com
Un portail des constructeurs bois en France
(1200 entreprises répertoriées).

CSTB

Centre scientifique et technique du bâtiment
www.cstb.fr
01 40 50 28 28

Bois et habitat

Centre d'information du bois dans la construction en Wallonie.
www.bois-habitat.com
00 32 (0) 10 68 91 25

Woodforum

Organisme de promotion de la filière bois en Belgique.
Le site internet donne accès à de nombreuses informations.
www.woodforum.be

ADEME

Agence de développement et de la maîtrise des énergies.
www2.ademe.fr

AGEDEN

Énergies renouvelables en Isère. Association diffusant de l'information auprès des particuliers et des professionnels sur la maîtrise de l'énergie.
www.ageden.org
04 76 23 53 50

Cler

Le Comité de liaison des énergies renouvelables est une association qui rassemble des professionnels de toutes les filières concernées par l'architecture et la construction écologique.
www.cler.org
01 55 86 80 00

Enertech

Un site passionnant, beaucoup de documents en ligne sur la maîtrise de l'énergie dans les bâtiments et le recours aux ressources renouvelables.
http://sidler.com.fr
04 75 90 18 54

Outils solaires

Un site didactique et très bien fait sur l'énergie solaire. Beaucoup d'éléments chiffrés intéressants.
www.outilssolaires.com

Le Prieuré

Entreprise spécialisée dans la végétalisation extensive de toitures avec des sedums.
www.vegetalid.com
02 54 82 09 90

Les lieux de découverte et de formation aux techniques écologiques

Terre Vivante

Centre écologique consacré entre autres aux techniques de construction écologique, situé dans un cadre magnifique. Journées thématiques autour de l'éco-construction.
www.terrevivante.org
04 76 34 80 80

Écocentre du Périgord

Lieu de visite et de formation aux différentes techniques d'éco-construction (maisons en bois, en paille, en terre crue, etc.).
www.cr3e.com
www.ecocentre.org
05 53 52 59 50

Le Gabion

Centre de formation aux différentes techniques de construction et de rénovation écologiques, situé dans les Hautes-Alpes.
http://gabionorg.free.fr
04 92 43 89 66

Cantercel

Une expérience originale d'expérimentation architecturale associée à des formations d'éco-construction.
www.cantercel.com

CNDB

Le Comité national pour le développement du bois propose des formations MBOC (maisons bois outils concept) à destination des professionnels.
www.bois-construction.org

Les salons de la construction bois

Angers

Courant octobre.
www.salon-maison-bois.com

Grenoble

Courant avril.
www.salondubois.com

Résidence bois à Lyon

Courant mars.
www.salon-residence-bois.com

Namur

Courant mars.
www.bois-habitat.com

Épinal

Courant septembre.
www.salon-habitat-bois.com

Les sources d'information

Blogs et sites consacrés aux matériaux écologiques, à la construction bois, aux énergies renouvelables

http://batirsain.free.fr

Le site répertorie, entre autres, nombre de négoces de matériaux écologiques à travers toute la France.

www.valleedequint.com/economie.htm

Site de Quintessence, entreprise de négoce de matériaux écologiques, insufflateur de ouate de cellulose, installateur de poêles à bois et granulés. Fiches techniques pertinentes sur leur site.

www.eco-logis.com
Tout sur l'habitat écologique.

www.ideesmaison.com
Ce site est celui d'un groupe fabriquant des maisons en panneaux de bois lamellé-collé, très documenté, regorgeant d'informations pratiques.

http://laboissonie.free.fr
Un chantier d'autoconstruction au jour le jour, instructif, ludique, démontrant que l'on peut réaliser des maisons de qualité pour un prix attractif.

http://boisconstruction.free.fr
Toutes les étapes d'une construction bioclimatique en bois, en briques de terre, servies par un site web très agréable.

http://boisphile.over-blog.com/
Site consacré à la maison ossature bois (MOB) comportant nombre d'informations sur les différentes étapes d'un chantier.

www.cepheus.de
Site bilingue allemand/anglais consacré à l'habitat passif.

www.minergie.ch
Site dédié à l'habitat passif suisse.

http://syl20.h.free.fr/BD_gene/
Mise en ligne d'outils pour le dimensionnement et la conception d'ouvrages en bois.

Forums

http://forums.futura-sciences.com/forum110.html
Un forum de très bonne tenue, foisonnant, sur la construction bioclimatique, le chauffage, les énergies renouvelables.

www.maisons-et-bois.com/discussions
Le forum le plus passionnant actuellement sur la construction en bois, et notamment les différentes approches écologiques, bioclimatiques. Beaucoup d'autoconstructeurs témoignent de leurs expériences de construction. Une mine.

www.bois.com/forum
Le forum du CNDB, essentiellement consacré à la rénovation en bois, aux aménagements intérieurs. Un professionnel y répond précisément aux questions d'ordre technique.

www.batirbio.org
Plusieurs fils de discussions sur ce site, consacrés notamment à la récupération d'eau de pluie et aux puits canadiens. Les échanges y sont intéressants, c'est ici que j'ai glané quelques idées pour la construction de la cuve et la mise en œuvre du puits canadien.

http://batirsain.free.fr
Un forum intéressant sur toutes sortes de sujets touchant l'architecture et la construction bioclimatique et écologique, mais fonctionnant sous forme d'envoi et d'échange d'e-mails quotidiens, ce qui impose une certaine gymnastique.

Revues, magazines

Systèmes solaires,
L'observateur des énergies renouvelables
Une revue assez pointue abordant essentiellement les questions relatives au solaire, au bois-énergie, à l'éolien, et à la construction bois parfois.
Bimestriel
www.energies-renouvelables.com
01 44 18 00 80

Maisons et bois international
Magazine « historique » de la construction en bois, né il y a une dizaine d'années.
Bimestriel
www.maisons-et-bois.com
04 76 70 93 21

Architecture bois et dépendance
Nouveau venu dans le paysage de la presse magazine consacrée à la construction en bois.
Bimestriel
www.architecturebois.fr
05 34 50 89 89

La maison écologique
Excellente revue consacrée à l'habitat écologique, menant des enquêtes fouillées sur différents aspects (peintures, enduits chaux, panneaux de bois, etc.). Bimestriel.
www.la-maison-ecologique.com
02 99 37 06 96

Séquences bois
Revue thématique bimestrielle du CNDB.
www.bois-constructions.org
01 55 56 70 74

Habitat naturel, construire et vivre sain
Magazine consacré à l'habitat écologique. Bimestriel.
www.habitatnaturel.fr

Le journal du bois
www.bois.org
01 47 66 17 36

Professionnels de la construction en bois

(J'ai rassemblé ici quelques sites de constructeurs en bois dont j'apprécie la démarche, et la qualité des réalisations. Autant dire que cette sélection est incomplète, et totalement subjective)

www.collectic05.com/eric.boissel/produits.htm
Un architecte-charpentier qui construit des maisons bioclimatiques exclusivement en mélèze (Hautes-Alpes)

www.altibois.com
Une jeune entreprise qui construit des maisons bioclimatiques en utilisant la technique des panneaux en bois massif lamellé-collé.

www.tectoniques.com
www.quirot-vichard.com
Deux cabinets d'architecture abordant la construction en bois de manière contemporaine.

www.charpentiers.fr
Une entreprise de charpente passionnée par la construction écologique et bioclimatique.

www.ambiance-bois.com
Ambiance bois est une Scop qui propose des produits en bois naturels, non traités et écologiques pour la construction et l'aménagement de la maison. Construit également des maisons ossature bois.

Entreprises ayant participé au chantier

Jean-Baptiste Cubaud
Architecte
cubaud.jb@wanadoo.fr

Obiou Charpente
Stéphane et Sylvain Locatelli
06 15 32 38 89
obiou.charpente@tiscali.fr

Cap Verre (miroiterie)
Éric Mazur
04 76 33 17 56

SARL Gervais (étanchéité toiture terrasse)
04 76 72 42 02

Seb Longo (plombier-chauffagiste-installateur solaire)
04 76 34 65 53
06 74 83 90 04

John Rousselet (assistance à l'autoconstruction)
04 76 34 61 50
06 78 80 96 98
john.rousselet@wanadoo.fr

Quintessence (insufflation ouate de cellulose)
04 75 21 29 40
quintessence@valleedequint.com

Scierie Paron
04 92 58 52 14

Scierie mobile du Haut-Languedoc
Étienne Lescure
05 63 74 53 60

Bibliographie

L'isolation écologique, Jean-Pierre Oliva,
Éditions Terrre Vivante, 2001, 27,14 €
Une référence sur les matériaux d'isolation traditionnels et écologiques, qui décrit nombre de techniques de mise en œuvre. Indispensable.

La conception bioclimatique, des maisons confortables et économes, Samuel Courgey, Jean-Pierre Oliva,
Éditions Terre Vivante, 2006, 35 €.
Une autre référence sur la conception bioclimatique, un ouvrage extrêmement documenté, très bien illustré, bref, un livre indispensable pour qui s'intéresse à l'écologie de la construction.

Construire avec le bois, Dominique Gauzin-Müller,
Le Moniteur, 1999, 85 €.
Un ouvrage détaillé qui aborde les différentes techniques de construction, les propriétés physiques et mécaniques des bois, leur résistance aux champignons, aux insectes, etc., et décrit de nombreux projets de constructions individuelles et collectives.

Toits et murs végétaux, Nigel Dunnett, Noël Kingsbury,
Éditions du Rouergue, 2005, 36 €
Traduction d'un livre anglais intéressant sur les écosystèmes des toitures végétales, bien qu'il pèche un peu par le manque de descriptif des différentes techniques.

Manuel d'architecture naturelle, David Wright, *Parenthèses*, 2004, 14 €
Ce drôle de petit ouvrage, brillamment illustré, se lit « presque » comme une bande dessinée. C'est un manuel remarquable présentant toutes sortes d'astuces sur l'architecture bioclimatique : isolant, déphasage, calculs de résistance thermique, coefficient d'isolation, calculs du renouvellement d'air.

Le guide de la maison solaire, Edward Mazria, *Parenthèses*, 2005, 24 €.
Malgré une présentation un peu vieillotte, ce guide est indispensable pour qui veut aller plus loin dans la compréhension de l'architecture solaire.

J'attends une maison, le livre de l'habitat écologique, François Desombre, *Éditions de la Pierre Verte*, 22 €.
Un grand classique, réédité depuis plusieurs années, qui navigue entre réflexions sur l'architecture actuelle, nos modes de consommation et bien d'autres choses encore, et traite également d'aspects techniques liés à l'autoconstruction. Une somme en tout cas, très plaisant dans le ton et bien documenté.

La nouvelle architecture du bois, Naomi Stungo, *Seuil*, 1999, 42,69 €
Des réalisations audacieuses, parfois incroyables, par quelques grands architectes, qui démontrent les qualités structurelles du bois et la grande liberté créative que permet ce matériau.

Construire en bois, collectif d'auteurs, *Presses polytechniques et universitaires de Lausanne*, 2005 (dernière édition), 85 €.
Plutôt destiné aux professionnels de la construction, ce gros pavé aborde de manière accessible tout ce qu'il faut savoir sur l'isolation acoustique du bois, sa protection, sans oublier l'arbre et son fonctionnement. La partie « Conception des structures » est plus ardue.

157

L'architecture écologique, Dominique Gauzin-Müller, *Le Moniteur*, 2001, 59 €.
Après avoir traité dans le détail les enjeux et perspectives des alternatives écologiques, l'auteur dresse un portrait de différentes réalisations en Europe, qui démontrent que l'on peut faire de nombreux bâtiments élégants et fonctionnels, qu'il s'agisse de logements individuels ou collectifs ou encore de bâtiments administratifs.

25 maisons en bois, Dominique Gauzin-Müller, *Le Moniteur*, 2003, 45 €.
De beaux projets, en France et à l'étranger, une belle iconographie, des crayonnés élégants, mais assez peu d'informations sur les détails techniques. Il y a en tout cas largement de quoi rêver.

Maisons écologiques d'aujourd'hui, Jean-Pierre Oliva, A. Bosse-Platière, Claude Aubert, *Éditions Terre Vivante*, 32 €
Un tour d'horizon des maisons écologiques à travers 32 exemples de maisons neuves ou rénovées.

L'isolation phonique écologique, Jean-Louis Beaumier, *Éditions Terre Vivante*, 2006, 27 €.
Un ouvrage inattendu et enrichissant sur l'isolation phonique, les matériaux adaptés et leur mise en œuvre.

Guide de l'électricité biocompatible, pollutions électromagnétiques, Claude Bossard, *Éditions Des dessins et des mots*, 2006, 17 €.
Premier ouvrage du genre par un électricien spécialiste de ce type d'installations.

F Table des illustrations

Panneaux de contreventement en fibres de bois
Tableau comparatif de quelques panneaux de bois

Marque	Type	Utilisation	Composition	Teneur en formaldéhyde	Label, certifications	Remarques	Densité En kg/m·
Pavaplan 3F	Panneau de fibre de bois (HDF)	Contreventement côtés intérieurs des murs à ossature bois	98,9 % résineux 0,6 % résine phénol 0,5 % paraffine	Classe E1	FSC pour 30 % du bois	Qualités pour l'étanchéité et contre la condensation	800
AGEPAN DWD	Panneau de fibre de bois (HDF)	Contreventement pare-pluie, mur, sous-toiture	Conifères européens résine polyuréthane (-3 %)	Classé E1	AUB : certification allemande attestant de la neutralité en bioconstruction	Remplace bien le couple OSB pare-pluie	540-590
PXD	Panneau de fibre de bois (MDF et HDF)	Sol, parement, contreventement	Bois et résine naturelle du bois comme liant	Classé E1	Bois issu de forêts scandinaves	Peut-être le seul panneau d'extérieur 100ù % écologique (version trempé)	700 850 970
MFP	Panneau de particules avec gros copeaux	Contreventement, parement de mur, plafond, sol	Bois allemand Colle urée-mélamine (8 à 10 %)	Class2 E1 < 8 mg/100 g	Forêts certifiées PEFC. Les sites de production en Allemagne développent une autonomie énergétique	Concurrent de l'OSB 3 mais pas mal de colle	660 à 700
LIVING BOARD	Panneau de particules (petits copeaux)	Contreventement, plafonds porteurs, revêtement extérieur (V100)	Conifères allemands Colle polyuréthane < 5 %	Classé E1 <1 mg/100 g	Forêts certifiées PEFC AUB : certification pour bioconstruction	Existe en 2 versions, finition très propre	610 à 750

Source : *La maison écologique*

Note : PEFC et FSC sont des labels garantissant la gestion durable des forêts.

Index

Déjà parus aux Éditions Terre vivante

Construire en paille aujourd'hui
Herbert et Astrid Gruber

La conception bioclimatique
Des maisons confortables et économes
Jean-Pierre Oliva et Samuel Courgey

L'isolation écologique
Conception, matériaux, mise en œuvre
Jean-Pierre Oliva

L'isolation phonique écologique
Matériaux et mise en œuvre
Jean-Louis Beaumier

La maison des [néga]watts
Le guide malin de l'énergie chez soi
Thierry Salomon et Stéphane Bedel

Fraicheur sans clim'
Le guide des alternatives écologiques
Thierry Salomon et Claude Aubert

Guide des énergies vertes
Pour la maison
Patrick Piro

L'eau à la maison
Mode d'emploi écologique
Sandrine Cabrit-Leclerc

Découvrez nos autres titres sur l'habitat écologique
et sur l'écologie pratique au quotidien sur
www.terrevivante.org

Imprimé sur V Green silk papier 100 % recyclé,
issu du tri sélectif ménager
Achevé d'imprimer par Corlet
N° 104736
Dépôt légal : mai 2007